我们对生活的态度

采薇 著

北京联合出版公司
Beijing United Publishing Co.,Ltd.

有 态 度 的 阅 读

小马过河(天津)文化传播有限公司

目 录

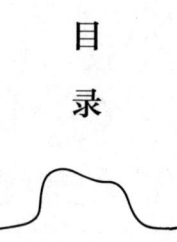

001 第一章

003 　包容力
009 　慢生活
017 　平常心
025 　自驱力

- 031 配得感
- 039 基本功
- 045 行动力
- 051 习惯力
- 059 坚忍力
- 067 抗逆力
- 073 欣赏力
- 079 纠错力
- 085 认知差
- 093 不受力
- 099 反本能
- 105 反内耗
- 111 孤勇者
- 121 前瞻力
- 129 小目标

135　第二章

137　欲而不贪

143　过程导向

151　自我认同

159　拒绝表演

165　情绪调控

171　共生关系

181　时间复利

189　戒掉依赖

197　自我和解

205　情感对等

213　爱与个体

219　私人定制

227　爱的错觉

第三章

- 239 定见与本心
- 247 玩笑的限度
- 255 关系的边界
- 263 讨好型人格
- 271 示弱的本质
- 279 止损的能力
- 285 纠正的欲望
- 293 善良的锋芒
- 301 自洽的视角
- 307 向上的秘诀
- 313 命运来敲门
- 321 朴素的力量
- 329 弱者的枷锁
- 335 量变到质变
- 341 感情舒适度

第一章

包容力

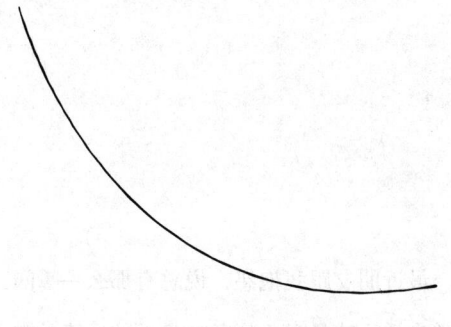

**心存更大的世界，
才会不困于眼前的苟且。**

最近朋友跟我抱怨，说总有那么一瞬间，会突然感觉生活乏味且身心疲惫，身处的环境常常不尽如人意，同事间鸡毛蒜皮的人际纠缠、永远能挑出错误的领导，以及无休无止的工作，自己仿佛看不到希望。明明当初读了一个好大学，但是毕业之后的人生，与原来的设想大相径庭。现实的层面没有升职加薪，理想的层面也同样暗淡无光。

我问他，你觉得一个人最理想的状态应该是什么样？

朋友思考了一番后说，应该是能在工作之中获得学习和成长，体验更丰富的人生，然后不断上升到更广阔的天地。

我告诉他，如果这是你的目标，那么它并不能通过升职、加薪获得。想看到更大的世界，需要拓展自己的心量，让目光更加长远，而非纠缠在眼前这些事情当中。和前辈们不同，现在很多人不会在一个单位里一直工作到退休，所以，想抵达更广阔的天地，就不能困于眼前的苟且，而是要果断执行你的计划。

像我朋友这样，陷在日常琐碎泥潭之中的人并不在少数。记得前同事曾经讲过一件事：有一次放假在家，他与老婆一起做早餐，刚开始氛围还挺好，但是在调饮品时，两人突然因为牛奶里要不要加果汁吵了起来。老婆认为可以加，他却觉得牛奶加果汁对身体有害，于是两人由小吵变成大吵，直至大打出手，一直闹到派出所，最后耽误了好几天工作，才把矛盾平息下来。其实，事情的起因微不足道，解决的方法也很简单——让愿意加果汁的人加果汁，不愿意加果汁的人不加就好了。但凡有求同存异的包容心量，选择就会更多，世界也更加宽广。

包容力的培养需要我们认识到多样性和差异性的价值，同时反思自己的偏见和局限，逐渐能够全方位地考虑问题。一名心智成熟的成年人，应该充分允许别人的与众不同，而在对待同一件事上，也要允许别人有不同于自己的观点和看法。在生活当中，我们与人相处，自然会遇到意见相左的时候，如果大家都固执己见，要求对方听从自己，甚至以激烈的言语相攻击，目的只是让对方顺从，那么结果只能破坏彼此的感情，事情也往往得不到解决。

有个年轻人来到山上，寻找一名僧人告解："师父！我时常感到活得累，领导总是对我提诸多要求；同事嫉妒我，不时给我穿小鞋；妻子不理解我工作辛苦，总是索要半个月的工资。"

僧人微微一笑，举起手中的经书，问："你看这是什么？"

年轻人回答："经书。"

僧人说道:"在你眼里只是一本书,在我们修行人眼里,这却是智慧。"

年轻人不解道:"师父,您想告诉我什么?"

僧人说:"你先跳出自我,把自己想象成你说的那些人,一个小时后再来告诉我答案。"

于是年轻人找了个地方静坐,不到一个小时,他就兴冲冲地跑了回来:"师父,我懂了!领导要求严格是因为重视我,希望我带领好其他下属;同事嫉妒我,给我穿小鞋,是因为担心自己被比下去,可这改变不了我的价值;妻子索要家用是为了更好地照顾家庭,减轻我兼顾工作和家庭的压力。"

僧人笑笑说:"这就对了,先放下自我,才能看清问题。"

年轻人放下心头重负,高高兴兴地下了山。

这个故事告诉我们,人之所以会陷入苦恼,完全是被狭窄的眼光限制了思维。当只看到别人身上的问题,没有窥探自己的欲望时,我们就会认为都是别人的过错。正因为看不到别人身上的闪光点,心理失衡导致情绪不稳定,产生怀疑,最终才会有所不满,本质上其实是"作茧自缚"。

心存更大的世界，才会不困于眼前的苟且。

更大的世界，能让人看到未来，不困于眼前，也不深陷于琐碎的泥潭，保持包容的修养。成年人的自律，就是学会正确判断所见所闻与事情本来面貌的差距，能用多元视角看待每一个问题，在审视他人的同时理解自己。

学会从"云淡风轻"的角度与这个世界相处，先自律，严格自我要求，并且一定要放下征服他人、说教他人的想法和欲望，才可能拓展思维，"初极狭，才通人。复行数十步，豁然开朗"。正如四季有不同的色彩：春有花开，夏有清泉，秋有凉风，冬有白雪。

慢生活

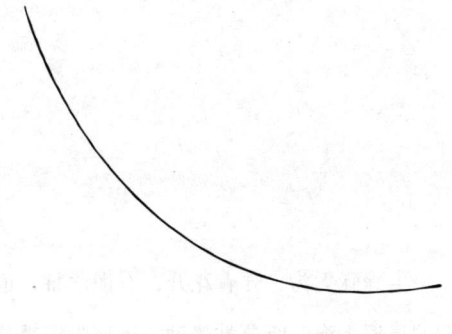

**平凡，只有站在群山之巅，
　才有资格俯视沟壑。**

　　一生碌碌无为，守着花开，看惯落日，追逐眼中所谓的星辰大海，听暮鼓晨钟，远离尘嚣繁华，过一种田园风光的慢生活。曾经有人问我是否甘于如此平凡的生活，当时我给出的答案很肯定，因为骨子里的浪漫和美好，我在想象中勾画了一幅悠闲散漫的美好画面。但后来发现，这样生活并不现实。面对炎炎烈日没有空调只能摇着扇子降温的暑热，面对下完暴雨街上院子里飘满爬虫散发着臭气的恶心，面对天不亮就要下地干活的不爽，面对大冬天半夜要裹着棉衣起来如厕的挣扎……这些着实不能忍受。

所有眼见的美好，不及现实十分之一的真相。生活远比想象残酷。记得某脱口秀演员曾说过，大家都向往诗和远方，我是从远方来的，远方并没有你想象的那么美好。草原上的人们用牛粪取暖，夏天上个厕所，腿都要不自主地摆动，因为蚊子特别大特别多。对于远方，人们通常戴着滤镜看风景，自动屏蔽掉现实的瑕疵和难堪，只留下美好和想象。但真正惬意的田园生活，通常是在充足的物质基础上建立起来的富裕、悠闲的生活。没有足够的钱，谈何远方？你在乡下只能是煎熬地活着。

朴树曾在《平凡之路》中唱道："我曾经失落失望失掉所有方向，直到看见平凡才是唯一的答案。"但朴树年轻时可不是平凡的人，他21岁放弃首都师范大学的学业，专心搞音乐，两年后就成为签约歌手，同年发行自己的单曲《火车开往冬天》，成绩斐然。

他之所以向往平凡之路，是因为他的音乐曾经到达峰顶，看见过世间最绮丽的风景，经历过人生的跌宕起伏，所以格外珍视一颗纯粹、干净的心，不被世俗繁华所沾染。这种从容、务实的境界和出身平凡没有领略过高峰的普通人不可同日而语。没有见过波澜壮阔的大海，你怎能知道小溪的宁静和美好？没有走过荒芜苍凉的沙漠，你怎么明白荒坡的坚守和希望？若不曾见过星河灿烂，就不会羡慕宇宙的浩瀚。

五岳归来不看山，黄山归来不看岳。如果当年徐霞客没有阅尽千山，又怎么会发出这样的感叹？

平凡，只有站在群山之巅，才有资格俯视沟壑。

前段时间，我老公去外地出差，顺道拜访了一位以前的客户。回来后，他无限感慨，这位客户曾经实力雄厚，如今却破产做回了纯朴的农民，买了一百亩地开始种橙子。

没见面时，我老公以为，曾经有过那么辉煌过去的人，现在一定很沮丧、颓废。没想到人家反而比以前开朗了，请他喝茶、参观亲手栽种的果园，侃侃而谈，畅想退休后的生活。

临分别时,我老公还是提出了自己的疑惑。对方很淡然地表示,也许别人都觉得他现在应该特别落魄,无颜见人,但其实如今的他才睡得安稳、踏实,他说从来没有感觉这么幸福过。以前跑业务、开公司,每天都是高消费,伪装自己,迎来送往,剩下一个人的时候特别疲惫。现在的日子才是最向往的生活,他可以真正做自己,轻松、坦然、实在,不再为了生意应付不喜欢的人,不再讨好每一个可能对自己有利用价值的人,也不再为了所谓的脸面而假装过得很好。

如今,很多人都向往这种慢生活,有的是事业有成,想返璞归真;有的只是为了证明自己很时髦而跟风;有些只是盲从,没有主见。

作为一个普通人,我们还没有为自己的事业全力打拼过,还缺乏百舸争流的激情和拼搏的热血,更不曾为了争取一个让自己变得不平凡的机会而绞尽脑汁,此时你却告诉他,山顶的风景并不如想象般美好,你要向往淡泊和归于平凡,不要为了不曾拥有的东西而忽略身边最重要的幸福。这所谓的岁月静好,真的是一个年轻人该有的状态吗?

鲜花只有绽放过,才知道生命的意义;青春只有奋斗过,才能不负时光,不负自己。没有一开始就搁浅的油轮,只有远航后归于平静的智慧,只有曾经光芒万丈,才有资格归于平凡;只有那些已经满足了最基本的物质需求、小有成就的人,才会在历尽繁华、阅尽千帆后找到最初的梦想。

朋友的闺密曾毕业于国内顶尖学府,供职于尖端行业知名机构做技术总监。然而出人意料的是,她在事业巅峰时选择离职,做了全职妈妈。

所有人都认为她满腹才华,做全职妈妈是对自己的不负责任,包括平时一起带孩子的宝妈,也觉得她在荒废自己的时间。可她本人并不这么想,她认为自己在学业、事业上已经做了该做的,工作上暂时休息,不代表没有东山再起的能力。可如果缺席了孩子的童年,那将是一个永远无法弥补的遗憾。

她说:"我只是在自认为最合适的时间做最恰当的事情。如果在该陪伴孩子的时候,去拼所谓的事业成功,将来一定会后悔,心怀愧疚。"

你看，真正的慢生活是有意识、有计划地把生活的节奏放慢，绝不是停滞不前、放弃努力、懒散度日。

也许，到老的时候，你依然是无所建树的平凡人；也许，在拥有了不平凡后，你依然要回归家庭，过回平凡人的生活。但人生就是如此，只有经历过，才能理解活着的价值。不然，年轻时不奔跑、不精彩、不仰天大笑，那就只能一生仰望别人的精彩。只有自己曾经为之奋斗过、努力过，才能面对平凡心如止水，笑对人生。

平常心

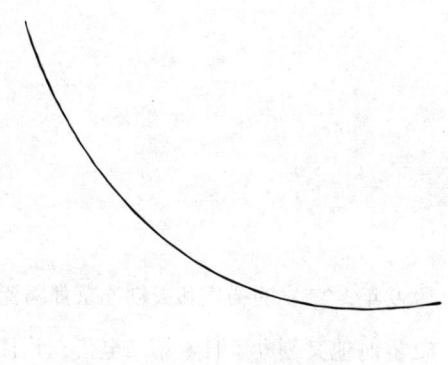

**得意切莫忘形，
失意不可失志。**

1959年，27岁的稻盛和夫创办京都陶瓷株式会社，52岁时他又创办了日本第二电信，并且在有生之年，将两家企业都打造成了世界500强。2009年，正当这位78岁的老人卸下重担，打算潜心修学理佛安度晚年时，日本航空公司身陷困境找上门来，希望"经营之神"能够出山，扭转日航已经申请破产保护的局势。

日航历史悠久，在日本国内举足轻重，破产消息传出后，引起了整个日本企业圈的恐慌。稻盛和夫临危受命，义无反顾地接下了重担。正当很多人担心他无法力挽狂澜、怕他"晚节不保"的时候，这位老人仅用两年时间就让公司纯利达到1866亿日元，接着又在一年后让公司重回东京证券交易市场。

稻盛和夫的经历给人们带来很多重要启示。在给年轻人的忠告里，他说："真正的胜利者，无论是成功还是失败，都会利用机会，磨炼出纯净美丽的心灵。"

这句话的核心并不是重述磨炼的意义，而是强调，把自己的心性修炼好，是人生最重要的事。

当年日航犹如一块烫手的山芋，全日本都能嗅到它的腐烂气息。重整旗鼓对于航空业门外汉的稻盛和夫来说，"接棒"翻盘无疑概率极低，背负的压力可想而知。

当成功的希望不大时，一般人是如何应对内心波澜的呢？似乎会下意识地寻求鼓舞、经常性认可等积极的心理暗示。如果找寻不到，内心不免发慌，纠结怀疑，进而陷入失落、孤寂、迷茫等痛苦的情绪当中，最后还可能放弃原来的目标。可事后回头看看，如果当初没那么恐惧，秉持一颗平常心冷静处理，完全可以把事情做得八九不离十。

平常心是一种深刻而重要的心理能力。这种内在修养，具体表现为对所做之事的成败有相对客观的认识，能接受现实，专注当下，从容淡定，既尽力而为，又顺其自然不苛求。

真正有智慧的人，都会抱着一颗平常心做事。稳定、平和的心态首先来源于价值观。稻盛和夫当初胸怀利他之心接手日航，他认为，如果能让日航重新站起来，很多因为不景气而信心受挫的企业看到这一幕就会想，"既然日航能够做到，我也应该能做到"，所以自然会加倍努力，冲破困境。

今天我们赶上了最好的时代，互联网蓬勃发展，然而，许多互联网产品精准地"拿捏"了人性的弱点，比如朋友圈中随处可见各种"晒"生活，名车名表、泡吧和奢侈消费画面时常"霸屏"。追求精致享乐主义的风气甚嚣尘上，仿佛这样的生活便代表了成功。发布者自我迷惑，阅读者浮躁焦虑，在这种不良文化生活现象的影响下，部分年轻人错误地以为，只有成为一名"时尚弄潮儿"，自己才能活得有"价值"。

当基本的价值观出现了扭曲时，平常心就很难被寻觅到。这时，保护人性向好、充实内在精神的作品，对我们大有裨益。

平常心是幸福生活的关键，它能使我们在面对成功与失败时保持冷静和客观的心态。

稻盛和夫说，成功和失败都是一种磨难。的确，成功容易使人陷入我执，觉得自己很了不起，志得意满，目空一切。当人把成功看得太重时，成功从某种意义上说就意味着失败。同理，如果从磨难与修行角度理解失败，失败也是一种成功。逆境其实没那么可怕，逆境反而更能塑造人格。身处逆境的时候，人都是小心翼翼的，不会得意忘形。在正确的价值观下，越是逆境，越能激发人的斗志。

平常心是一定没有分别心的，面对成功、失败，都能做到情绪抽离，继而接受、做总结，为下次的挑战做好准备。

我家里曾聘请过一名钟点工阿姨,她穿着干净、朴素,为人乐观、开朗,干活麻利,一点都不糊弄。每次打扫完卫生,她总是笑呵呵地叮嘱我,要按时吃饭、睡觉,不要总熬夜加班工作,偶尔也要感受下生活。熟络之后我才知道,原来阿姨名下有几套房子,是个富足的包租婆,做钟点工只是为了打发时间,避免与社会脱节,让生活更有意义。

这名钟点工阿姨的工作和生活态度,朴素而深刻地向我铺陈开一幅画卷:一颗平常心,欢喜度余生。

曹雪芹用后半生写出脍炙人口的传世名作《红楼梦》,很多人只知道他对中国古典文学做出的贡献,却不知道他前半生家境优渥,后半生过得穷困潦倒。正如曹雪芹在作品中的自我评价:"满纸荒唐言,一把辛酸泪。都云作者痴,谁解其中味?"这句话表达了他对创作的极大热情,即便生活困苦不堪,自己在外人眼里孤苦无比,仍不能磨灭梦想。他在世时,《红楼梦》无人知晓,即使高鹗续写、印刷之后,也未广泛流传。直到 19 世纪末 20 世纪初,这部作品才引起学者和读者的广泛关注，逐渐被推崇为四大名著之一。回顾曹雪芹的一生，谁又能定义他是成功还是失败呢？

我们无法改变世界，却能改变自己。事实上，任何人，无论拥有多少物质财富，都只能昭示当下，无法代表未来。得意切莫忘形，失意不可失志，懂得在孤独和寂寞中沉淀自己、磨炼身心，造就一颗美丽的心灵，保持平常心，才能过上真正有意义、有价值的生活。

自驱力

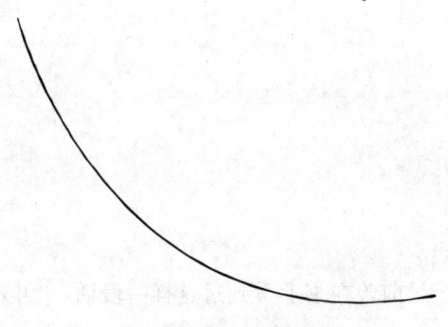

**勾勒出内在的动机轮廓后,
人会充满主观能动性,
很容易找到归属感和胜任感。**

早前曾在书上看到过这样一段话:"男人的幸运在于,他们从很小的时候起所受的教育就是必须踏上最艰苦但也最可靠的道路。女人的不幸就在于,她们的成长之路上,处处是难以抗拒的诱惑。身边的人常常会促使她走上容易走的斜坡,人们非但不鼓励她奋斗,反而对她说,只要听之任之滑下去,就会到达极乐的天堂;当她发觉受到海市蜃楼的欺骗时,为时已晚,她的力量在这种冒险中已经消失殆尽。"

一位女性朋友之前的经历仿佛印证了这个过程。彼时她少不更事,常常冲动消费,外加创业失败,居然欠下50万的债务。债务全面爆发后,男朋友果断和她分手了。

几经挣扎,众叛亲离的她痛定思痛,决定破釜沉舟、面对现实。

"不管多困难,我都会把债务还完。"面对上门的债主,她坚定承诺着。

自此之后,她便开始了漫漫还债路。她做设计工作,白天去上班,晚上摆地摊,过去的奢侈品全部卖掉,平时吃穿用度能省就省,没有特殊情况,绝不多花一分钱。

历时三年,终于偿还完所有债务。最后一笔还完的那天,我们一起出去喝酒,她告诉我:"如果没有这三年的经历,我无论如何也想不到,一个人的潜力竟然有这么大。有了这三年,以后做什么事我都不会害怕。"

她的这段经历让我想起了一个很喜欢的网文作者。上学时,他因为家庭贫困而辍学,之后便进入工厂打工，其间开始迷恋写网络小说。他说，那时候条件太艰苦了，白天忙完工作，晚上一个人在宿舍写作，因为没有电脑，只能周末去网吧，把平时用纸笔写下的内容再一个字一个字地敲一遍。虽然努力了也不一定成功，但如果不努力，就永远没有成功的可能。后来，他终于靠写作出人头地。

很多我们看起来有所成就的人，绝非天赋异禀，也没有太多的成功秘诀，只不过是每走一步，他们都逼迫自己做到极致，然后日积月累，把每一步的极致叠加起来，自然就达到了别人难以企及的高度。

普通人的成长，基本源于痛苦的驱动。不逼自己一把，大概率永远也不知道潜力在哪里，能取得什么成绩。如果想让痛苦的驱动少一点儿，我们不妨主动思考一个问题：自己需要做什么，能够做什么，可以抵达什么样的人生目标和人生终点。勾勒出内在的动机轮廓后，人会充满主观能动性，很容易找到归属感和胜任感，自驱力也就应运而生。

自驱力犹如一辆车的发动机，一旦启动，就会带着我们不断向目标前进，甚至突破极限，寻找到更多可能性。自驱力"上场"，人就不可能听天由命，更不会"躺平""摆烂"。

现实生活中,能成事的人深谙自驱力激发之道,所以往往比一般人更勤劳、更积极。他们遇到问题不发怵,有充分的解决意愿,解决问题的能力因此不断得到锻炼。在成长过程中,各种各样的锻炼成果逐渐强化他们对未来的自信心,因而"生活控制感"更强。他们想干事,愿意奉献智慧,在良性的反馈循环下,会更积极地提升自己,克制惰性。

相反,碌碌无为的人一般主动性不强,意志相对薄弱,甚至信奉"努力不一定会成功,但不努力肯定很舒服",看重眼前确定能抓到手里的红利,被动地在舒适区中等待天赐良机。

心理学上有个"慢马定律",说的是有两匹马各自拉着一车货物,一匹快马加鞭,另一匹慢马悠然自得。为了提高效率,主人将慢马身上的一部分货物转移到快马身上,慢马暗自高兴,却未因负重减少而加快半点儿脚步。后来,主人又转移了几次货物,慢马依旧慢悠悠地往前走,觉得自己占了不少便宜,一点儿没有危机意识。到达目的地后,主人觉得慢马没什么用,便将其送入了屠宰场。

"慢马定律"告诉我们,内心如果没有自觉追求的目标,安于现状,贪图享乐,本身又缺乏过硬本领,只会走向越来越无助的边缘。

为什么在学校里成绩同样优秀的人,毕业后有的寂寂无闻,有的风生水起?本质在于毕业后还有没有成就动机,是否培养了自驱力并实现有效激发。

某个年纪前,我们可以靠透支身体、小聪明和老天给的运气,以及父母余荫取巧地活着。传统观念的核心价值观是"靠",靠父母、朋友,靠上帝、菩萨,靠皇恩……能靠上什么靠什么,但就是没打算靠自己。然而,随着时间的推移,这些依仗渐渐都会消失,唯一能陪伴我们的,只剩下发自内心的自律、积极和持续的勤奋。这些良好的品格所激发的自驱力,最终可以成为我们长久的依傍。

人的一生尽管会面临许多困难,但自助者,天恒助之。当你自己产生动能、自身散发光芒时,那些资源与环境就会围绕你,帮你度过那些艰难时刻。

人生如逆水行舟,不进则退。想想那匹慢马,从这个意义上讲,自驱力可以说是我们"保命"的护身符。

配得感

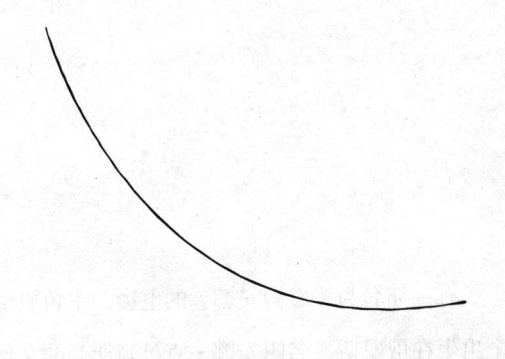

**抬头自卑，低头自得，
唯有平视，才能看见真正的自己。**

有一部名为《虚构安娜》的电影，主角原型是一个出生在俄罗斯、名叫安娜·克鲁姆斯基的女孩。她原本是个普通的德国人，却假扮成坐拥千万家族信托基金的富家千金，以建设自己的"安娜·德尔维基金会"①为名，在纽约上流圈层招摇撞骗，成功套取银行

---

① 一个集结艺术、文化、时尚的高级俱乐部。

贷款。

用珠宝、名牌装扮生活的安娜,将自己虚构的生活上传到社交媒体,接受众人膜拜。很多商界大佬、名人都被她欺骗,直到真面目被揭露,才如梦初醒。

现实中,很多人中过类似圈套。我一直在思考,为什么那么多明星、公众人物,甚至商界大佬都会上当受骗?

大概是因为我们这一代人,普遍有种"不配得感",潜意识里习惯性"谦虚",认为自己不够好。童年和青少年时期的困苦,让我们只有用最辛苦的方式不断鞭策自己,才能心安。我们仰视一切有光环的人,把他们想象得高不可攀,自动放低了自己的姿态。

"不配得感"背后的创伤是匮乏感。一个人把所谓的光鲜人设立起来,多半只是吸睛的一种手段。当你靠近,其实只是参与了一场艺术秀——当事人展示自己的成就,引来众人为之付费。

有句很治愈的话叫作"专注自己",因为心无旁骛的追求和创造,更容易获得正向反馈。专注自己的前提是了解世界、了解自己。因为了解了世界,所以知道自己能做什么、该做什么,怎么样和他人产生联系,怎么样对世界贡献一份力量,以实现价值;因为了解了自己,知道有所为、有所不为。《加缪手记》里说,一个人到了30岁,应该对自己了如指掌,确切知道自己有哪些优缺点,知道自己的极限在哪里,预见自己的衰颓。不卑、不亢,诚实面对自己,诚实面对他人。

那么,从哪个视角去了解世界呢?杨绛先生说:"你抬头自卑,低头自得,唯有平视,才能看见真正的自己。"的确,平视才是最好的姿态。只有对世界祛魅,用平等的视角看待别人、看待世界,不被情绪绑架,才能正确摆放自己的位置,下决心依靠自己成长。

以前单位正门口马路对面有两家修鞋摊,其中一家的收费总比另一家贵好几块钱,但生意却明显更好。一位前辈告诉我,这个老板已经在门口摆摊至少十年了。后来有一次,我的高跟鞋鞋跟儿要修,想想这鞋还挺贵,得去生意好的那家,应该品质有保障。

中午吃完饭，磨蹭了一会儿，我下楼来到鞋摊，发现前面已经排了好几个人，其中还有两个领导。排队人虽然多，也有人催促想赶紧修完去遛弯儿，老板系着皮围裙，一边有条不紊地处理着手上的活计，一边慢条斯理地解释着，钉钉儿胶地粘稳固点儿，急不得云云，说得头头是道，让人无从反驳。有人跟他砍价，他也不是完全拒绝，但最多只让一两块钱。

更出乎意料的是，平时与大家比较有距离感的领导，居然主动跟老板东一句西一句地闲聊。老板热情的回应中没有半点儿攀附的意味，该回答的回答，不知道怎么说或不想说的就礼貌地绕开话题，毫无违和感。

轮到我修时，我懒得多说话，老板也就专心舞弄锉刀和鞋跟儿，不多言语。修完一看，果然手艺不错。

后来，单位西门外的小区里新摆了两家修鞋摊兼配钥匙，尽管有几次配钥匙和修鞋同时"刚需"，但我还是会来这家修鞋，宁可跑两次办。因为修鞋老板不仅手艺好，身上那股惜缘随缘不攀缘的劲儿，让人刮目相看，沟通起来感觉特别舒服顺畅，提什么要求都不会有心理负担。他偶尔也会问问我们刚毕业在这大集团里的待遇、买房计划什么的，谈及这些，人家完全没有自卑怯懦，有时也"透露"自己攒了几笔钱，最近打算为老婆、孩子花在哪儿。

几年过去了，我离开了老东家。但偶尔路过那儿，仍能看见老板在老位置上忙碌着，不时微笑温和地与人攀谈，一幅岁月静好的画面。

你看，只要自己不觉得面对世界、面对他人是矮一头的，只要不过分地贬低自我，你就有勇气去客观看待、开始一件事，才可能有能力去争取那些好的东西。

一个人的"配得感"很重要。很多人拼了命想得到别人的关爱，想获得别人的关注，甚至根深蒂固地认为，需要与别人刻意谦卑友好地交往，让别人感觉舒服，大概率就被认可了。事实上，只有你珍惜了自己的时间，别人才会珍惜你的时间；只有你诚实地面对自己，别人才会诚实地面对你；只有你愿意花钱打扮自己，别人才会花钱为你打扮。

所有舒服的交往，都是彼此可以站在平等的位置上，相互成全，相互认可。

认准自己的目标，才能更好地和世界共振。思维和行为就是人的磁场，可以影响周围的一切。

不管是自我矮化，还是贬低他人，本质上还是被世界的"魅"所蒙蔽。

如果一个人多余的动作太多，就会偏离原本的目标。一个人如果将过多的关注点放在别人身上，用于自我提升、自我思考的时间就会减少。

其实，我们每个人当下所经历的一切，无论正确与否，都有意义。

比如，明知道这份工作不过是垫脚石，但还是尽职尽责，想方设法多做一点儿、多学一点儿。最终即使离开，也把岗位需要的技能全都学会，将来因此获得更多的晋升机会。

又比如，心里清楚和这个人没有将来，但双方实在很合拍，感情惊涛骇浪，欲望难以自制。于是，明知不可为而为之，奋力一试。最终即使分开，那也并不是浪费。因为经历而获得视野，因为经历而更加成熟。

平视世界,成为一个心智更成熟、胸襟更宽广、更心怀怜悯之人。

一个人的理性需要经历打底,那种能让我们反思的经历,需要义无反顾地投入。

在经历的过程中,若发现这不是自己想要的,或是彼此需求不匹配,要能及时止损。

在平等的前提下,敢于开始,亦敢于结束。

不是每一段经历都有美好的结局,但是每一段经历都有它存在的意义。

以平等的姿态和世界交手,不怨,不怒,不急,不争,持续努力,让自己配得上拥有的一切,我们才不会被他人的光环闪坏双眼。

基本功

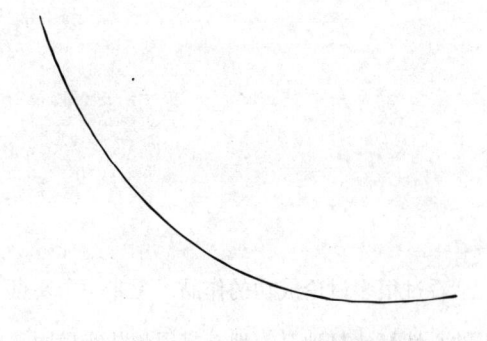

千里之行,
始于足下。

看过很多讨论成功的作品,无非一个要点,就是人的心性好比打地基,地基打得越扎实稳固,成功越自然而然、水到渠成。对于普通人来说,只有踏踏实实磨炼好心性,千锤百炼基本功,巩固好地基,再开始盖高楼大厦,不怕成就不了一番事业。

在很多影视剧里,我们经常可以看到表演精湛的武打镜头,但大多数人不清楚的是,如果演员没有扎实的功底，不经过魔鬼式的训练，根本无法达到如此精彩的影视呈现。李连杰在拍摄电影《霍元甲》时，曾几次身受重伤，最后电影上映，票房大获全胜，当时他说了这么一段话："想练武，就得下功夫。什么是功夫？功夫就是靠时间磨炼出来的！"

台上一分钟，台下十年功。没有长年累月的基本功磨炼，谁都不可能投机取巧、随随便便成功。已故篮球巨星科比在成名之前，就展现出异于常人的球技天赋。正式进入美国 NBA 篮球队之后，科比屡次出奇制胜，帮助球队夺得冠军，无数的荣誉使他成为世界名人和年轻篮球爱好者的偶像。有一次，科比刚结束比赛，美国特纳电视网（TNT）记者就对他进行了简短的采访。记者打趣问他："怎么做到这么厉害的？"科比笑对镜头，比了一个抛球的姿势："练好基本功。"

万丈高楼平地起，一砖一瓦皆根基。只有在泥土中扎根百丈，才有机会在蓝天中际会风云。基本功是成功的基本要诀之一，但很多人不懂这个道理。我在学校读书时也曾一度无视基本功，认为将来用处不大——用功读书固然好,可它什么时候能让我功成名就?什么时候才能帮助我赚取足够多的财富?当时的我,对于学业基本功是抱消极态度的,甚至觉得人脉更重要。直到毕业工作后,我才发现基本功不但有大用,甚至能在关键时刻扭转乾坤。

记得有一次到国外参加企业交流展览会,几位前辈英语不熟练,于是我发挥了平日的英语知识储备,替团队争取到一个晋级名额,事后还顺利为公司签下一笔国际订单,创下那次出国考察最大的业绩。这件事情让我充分意识到,原来大学时报名英语班学习是明智之举,虽然平时在国内办公,不必经常面对外国客户,但关键时刻它就有了用武之地,果然是"人生没有白走的路,每一步都算数"。

高手都在扎实地苦练基本功,绝不会四处找捷径。《列子·汤问》中有一篇《纪昌学射》的故事,说的是纪昌为了练习不眨眼,盯着妻子织布机上的梭子看,一练就是两年,最后达到了锥尖刺到眼眶边也不眨一下眼的境界。为了练习专注力,他又开始找虱子,直至虱子的体积在他眼中逐渐由车轮变成山丘一般大。眼神的稳定性和专注力练习为掌握射箭技能打下了坚实基础，这时的纪昌已经掌握了射箭的诀窍，最终成为神箭手。

虽然《纪昌学射》只是一则寓言，但表达的含义非常明确，大本领从小处练起，扎扎实实打好基础是王道，不要把时间浪费在形式上。与之相反的例子则是《倚天屠龙记》中的周芷若。灭绝师太曾经叮嘱她，《九阴真经》中的少数武功招数可以速成，但一定要好好研习基本功和内功心法。果然，周芷若速成的武功招式凌厉，虽可一时取胜，但遇到高手和大场面时，基本功不足的缺点暴露无遗。

基本功是我们每个人累积人生最核心的砖石。人生就像一场翻山越岭的长途拉力赛，旅途那么长，未知风险那么多，起点高一点儿或者低一点儿，影响的不过是刚开始的时候。一直前行，慢慢我们就会发现，基础的积累是我们应对困难的底气与核心竞争力。

大学毕业典礼上，德高望重的校长上台致辞。他说："将你的每一个人生阶段，当作一次毕业典礼，用心做好准备，必然能够顺利毕业！"年轻人在每次跳跃时，都应提前做好基础性的准备工作，比如心理准备、思想准备和技能准备等，这样才能有效缓解内心的焦虑，才能在解决问题时更加游刃有余。哪怕前方道路困难重重、艰险异常，我们也能从容应对，轻身跃过，抵达光明的彼岸。

努力用双脚去奔跑，努力用毅力去支撑，努力靠强大的心肌去泵动血液，努力成为更好的自己！

千里之行，始于足下。

行动力

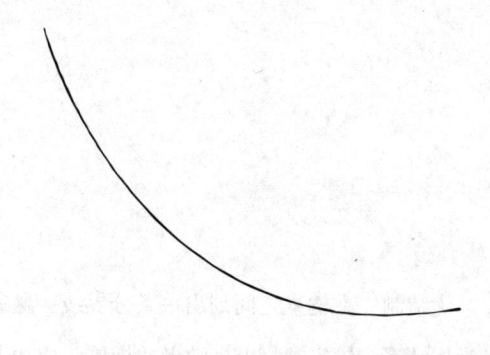

**从无万事俱备,做好当下即是未来,
而不是去空想和权衡得失。**

优绩制①在输赢之间划出一条分界线:赢家被定义为成功者,输家被打上失败者的标签。成功者在获得掌声与奖赏时,一些失败者往往愤愤不平,他们认

---

① 一种社会评价机制和社会分配原则,来源于优绩主义。优绩主义出自美国哲学家迈克尔·桑德尔的著作《精英的傲慢:好的社会该如何定义成功?》,它是一种社会和经济奖励的分配原则,认为个人收入、职位和机会等应基于其才能、努力和成就来分配,而非受个人出身、家庭财富或社会阶层的影响。

为，失败并非个人努力不够，而是目标真的太难了。

许多失败者的性格很好，人品很棒，甚至与他人关系融洽，也懂得为别人考虑，那为什么事情会做不成呢？失败并不代表一无是处，除去技术上的因素，导致失败的常见原因是内心想法不坚定，应该坚持做下去的时候，却选择了放弃。

电影《喜剧之王》至今仍是人们最喜欢的周星驰作品之一。剧中周星驰扮演一名群众演员，经常对着剧本反复揣摩，即便连配角都算不上，仍然非常认真；在导演痛骂他"加戏"的时候，他仍然坚持说出对角色的理解。电影中那句经典台词"我是一个演员"，完美诠释了热爱的真谛：坚持内心的梦想和目标，然后成千上万次"认死理儿"式地抓住机会反复实践，不惧失败，也不在乎冷嘲热讽，只为做好自己的"临时演员"。

台词的这几个字散发出满满的主观能动性和意志力，代表着强大的行动力量，就像许巍在歌里唱的那样："没有什么能够阻挡，你对自由的向往。天马行空的生涯，你的心了无牵挂。穿过幽暗的岁月，也曾感到彷徨。当你低头的瞬间,才发觉脚下的路,心中那自由的世界……"

如果我们懂得将"我是一个演员"的信念与坚持落实在生活、工作和学习当中,相信绝大多数的困难都会迎刃而解。前行的路不怕万人阻挡,只怕自己停滞不前。没有谁规定你只可以赢,不可以输,但你可以自我规定,不准输掉重新上路的勇气。

作家刘墉在一次采访节目中说,他的成名受一位朋友的影响很大。这位朋友看到天气很好,通常会由衷地赞美:"啊,真是个好天气!"要是阴沉下雨,也会赞美:"多么浪漫的雨天!"刘墉说朋友那颗感恩一切的心,让他受到了极大启发,因此,他在创作的道路上不再畏惧一次又一次的失败,不给自己找任何借口,果断行动,坚持一边创作一边持续投稿。在这种积极人生信念的影响下,他百折不挠,终于成功出版了第一本书。

奋斗的路上有三个重要的因素:信念、意志、行动。这个世界从不缺乏梦想,因为每个人都有梦想,而能将梦想积极付诸实践并坚持下去的,绝对是少之又少。其中的拦路虎有懒惰、拖延、完美主义、注意力跑偏、焦虑畏难的消极情绪等,个个都具有摧毁行动的力量,成果随时会夭折。

我看到过很多人,一谈及别人的成功,不是流露出羡慕之情,就是自我怜悯、自哀自怨:"哪有那么容易呢?我们这种没钱没势的人,老天是不会眷顾的。"

多么完美的借口!仿佛既堵住了别人的嘴,也说服了自己那颗曾经跃跃欲试的心——一切都被合理化了。似乎别人的成功都有助攻,天助、人助、神助,就是不需要自助。明明是自己缺失行动力,却理所当然地将自己想象成被抛弃的"受害者"。

市面上有句伤感文案,曾在年轻人当中很流行:"听过很多道理,依旧过不好这一生。"道理都是正确的、朴素的,甚至底层道理十分有限,毕竟皇皇巨著《道德经》也只有五千字。但过不好这一生的人,无疑是对有限的道理领悟得过于"有限",而没有吃透的原因,主要就是光说不练。

所谓"事上练,破犹豫之贼",也是强调行动实践的重要性。行动,胜过千言万语,有行动才会有结果。

　　每一次在路上,我们总会遇见不一样的风景;每一次续航,命运总会带给我们不一样的体验。心怀希望,无畏前行。怀揣着梦想的种子,一寸一寸往下深耕。用勤劳的汗水静候花开的声音,当梦想照进现实的时候,所有的疲惫都会在那一瞬间化作彩虹。

习惯力

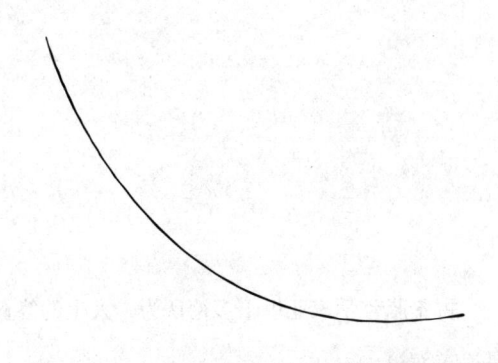

行动形成习惯，习惯造就性格，
性格决定命运。

古希腊哲学家亚里士多德认为，人生的终极目标是追求幸福。

然而，幸福是一种感觉，因人而异。同样是早起上班，小 A 每天抱怨工作无聊，小 B 则情绪饱满，态度积极，工作上全情投入，两个人所表现出来的状态完全不一样。

久而久之，小 A 觉得上班越来越累，每一分钟都是煎熬；小B则越来越充实，业务能力不断提高，被提拔成为项目经理。

两人同在一家单位上班，工作状态为何有如此大的差别？原因在于思维习惯和行为习惯，这二者能影响我们90%的生活和人生，进而影响我们对幸福的感知。

事事抱着"我什么也做不好""我不如别人"等消极观念的人，和始终相信"我来做肯定行""我只要努力就会有结果"这种积极观念的人，做事风格和行为习惯截然不同。

从心理学角度看，习惯是刺激与反应之间的稳固联结。有个专门剖析习惯的专家认为，人的习惯有两类：一是看得见的外在习惯；二是看不见的、潜藏在思维和情感深处的隐性习惯。从学习技能的层面来说，我们每个人都是从零开始，而大多数人从平凡走向优秀，取决于日复一日的积累、努力和日常的行为习惯。

我观察过一个现象，有许多曾经蜚声体坛的运动员，在退役之后转换赛道，很快便在新领域取得一定的成绩。究其原因，优秀的运动员在训练过程中养成了良好的学习和训练习惯，拥有循序渐进、举一反三的能力，他们知道何时应该进行怎样的训练，能对训练进行系统性规划，并知道如何把这种能力迁移到其他领域。所以，他们成为新领域的佼佼者只是时间问题。

养成良好的习惯，会降低做事的投入成本和收获难度，因此我们应该有意识地培养某些行动为自动自发，这种力量存在于潜意识里，叫作习惯力。比如，对大多数人而言，当每天刷两次牙的行为变成习惯时，坚持下去并不需要强大的意志力，而这种坚持本身成为一种强大的力量，让人没办法抗拒，也不愿意抗拒。

一项研究表明，在互联网公司里，经验丰富、技术水平更高的程序员，比那些新手能更快地进入工作状态，持续达到"心流"的时间也更长。这是因为他们在日复一日编写代码的过程中，养成了良好的工作习惯，积累了更加丰富的经验，许多工作犹如日常习惯一般驾轻就熟，所以，相对别人来说可能并不容易的事情,他们占用的脑容量更少,不用花费太多气力就能做到。

反观新手,可能会花费更多时间,效率也相对较低,主要原因是习惯力还没有奏效,基础工作娴熟度不够,刻意练习形成的近乎本能的反应不足,伴随着畏难情绪,种种原因导致工作状态逊色。

习惯力引导着习惯的养成,生活中其他方面也是同样的道理。要想养成良好的习惯,必须构建习惯力,比如明确目标、制订计划、坚持不懈、及时奖励等。想要身体更健康,需要改掉久坐不动的毛病,每周坚持运动三次、不熬夜;想要生活更富足,需要开源节流,记录每一笔开销,寻找账单中可以改善的地方;想要关系更和谐,需要管好嘴巴,不说伤人伤己的话;想要内心更平静,需要每天有独处或者阅读的时间……

构建习惯力,要遵循"先尝试,再慢慢调整"的原则,既不下意识地转移注意力逃避刚性内容,也不制订脱离实际的高目标,妄想"一口吃个胖子"。比如,决定开始锻炼身体后,应立刻行动,而不是先纠结选择哪项运动合适。慢跑也好，打球也罢，只有尝试了才能了解自己适合什么；在尝试的过程中，体验本身就会逐步"透露"坚持哪种运动更科学。

在坚持的过程中，可以给予自己一些阶段性的奖励。比如刚开始时，买一套舒适的运动服"誓师"；完成小目标后，奖励自己看一场电影、游玩一次等。在自我鼓励下，坚持才能更长久。任何人养成习惯、改变习惯都不是一件简单的事，所以所有好习惯背后，都有一套科学的激励机制。

这种科学的激励机制因人而异。比如养成早起的习惯，有人是靠坚持晨练，有人是被第二天诱人的早点所"诱惑"；运动也是如此，有人必须和同伴一起跑才能坚持下去，有人只要穿上好看的运动服就想出门跑步，有人为了挑战铁人三项世界锦标赛或马拉松而坚持跑步，有人只想在跑步之后毫无负担地吃自己喜欢的东西……

所以说，只有自己最了解自己。只要开动脑筋，让内心的激情燃烧起来并不难。人的习惯一旦养成，在身心上会极其稳固，它既左右着我们待人接物的思维方式，也左右着生理上的行为方式。这就是习惯的力量。

哲学家安里·阿米埃尔有句名言：人是习惯的产物。

行动形成习惯，习惯造就性格，性格决定命运。

伟大的成果不是靠偶然的行动得来的，而是从习惯中产生的。循序渐进、科学地推进，慢慢积累至临界点，迎来蜕变。

改变人生的，从来不是大道理，而是小习惯。某机构做过相关统计，曾经树立目标的那些人，有将近一半在一个月后放弃，而能够坚持完成目标的人，不到8%。如果你将一个好习惯坚持了一个月，就已经超越了50%的人。如果你将一个好习惯坚持十年，你就成了那稳定、优秀的8%。有什么样的习惯，就会有什么样的明天。

坚忍力

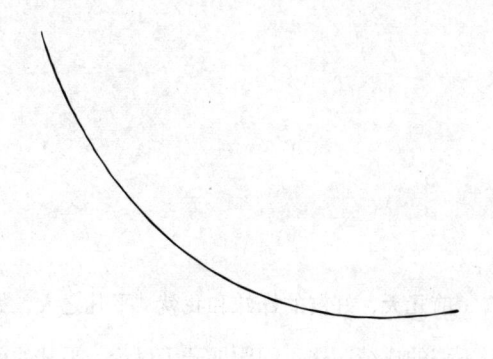

坚持做正确的事,不仅是自律、意志力层面的自我约束,更是一种深刻的思维能力。

前几天,好友的妹妹和我就"平凡之人,如何取得不俗的成绩"这一问题展开了讨论。平凡的前提设定是,天赋资质、资源背景、学历专业素养、人际沟通等能力都很普通。

普通人获得世俗意义上的成功,笼统来讲,必要条件莫过于强烈的动机和报以巨大的热情,再加上下苦功夫去提升各种能力。

但这么回答似乎很笼统且敷衍,无异于正确的废话。那么,言之有物,给出有抓手的建议是什么呢?

我想了想,认真地说,是坚持做正确的事,培养自己的坚忍力。

什么是正确的事情呢?从思维层面上说,正确的思维就是秉持向上的生活态度、乐观积极的心态、冷静的处事原则。简而言之,就是正心诚意、努力向上。一个乐观、智慧的个体,大概率会拥有一个不错的人生。个体的思维层次,决定着个体的行为方式;个体思维层次水平的高低,决定着他们为人处事的层次水平。

成功只不过是长久坚持做正确的事,这是网络上曾经很火的一句话。这里面除了正确之外,另一个重要的原则就是坚持。你会发现,始终坚持目标的人,往往比轻言放弃的人过得更好;勇于挑战困难不轻易放弃的人,往往比大多数人更成功。

其实,坚持本身就是一种智慧。因为坚持需要兼具眼光与耐力,在持续投入的基础上相信概率,剩下的事情交给时间。

屠呦呦是我国第一位获得诺贝尔医学奖的药学家。她发明的青蒿素和双氢青蒿素，为全球新型抗疟医疗救济工作做出了杰出贡献。她16岁时，因感染肺结核而休学，这让她意识到健康的重要性，康复后便立志成为一名药学家，为攻克临床疑难杂症献身。1969年，屠呦呦接受中国中医研究院研发抗疟药的任务，仅短短三年时间，就和团队研发出了青蒿素，而后于1973年，又研发出双氢青蒿素。

疟疾是从古至今一直困扰全世界的难题。20世纪60年代疟疾大流行，全球近两亿疟疾感染者面临无药可医的局面。在当时医疗技术设施不足，研发资金迟迟不到位的情况下，她带领一众科研人员日夜加班，废寝忘食，常常忙到深夜。无论研发条件多么艰苦，她始终心系着这份事业。在日本有望研发出新型抗疟药之前，她不负国家厚望，提前研发出青蒿素，这不仅是我国医疗史上的一次重大突破，更为中国站上国际舞台赚足了喝彩声。

人生的活法有很多种，有远大目标、理想的人，永远只坚持一件事情，就是做正确的事情，持续向目标迈进。屠呦呦和她的团队面对困难和压力时所展现出的冷静、坚定与百折不挠都是坚忍力的极致体现。

在今天,坚忍力既是信念支撑,也是本领担当和生存策略。坚持做正确的事,不仅是自律、意志力层面的自我约束,更是一种深刻的思维能力。我们现在生活的环境信息冗余、噪声多、诱惑多,人生不再有模板,保持价值观稳定并不容易。比如,当赚钱和价值观发生冲突时,很多人会下意识地毫不犹豫地放弃价值观,同时找到一套逻辑自洽的说辞进行自我安慰。这样也许能够获利一时,但从长远来讲,难保不亏空。

坚忍力,即坚持与忍耐,更多强调的是思想上保持坚定。在面对复杂问题时能够游刃有余地处理,不仅看重眼前得失,还能统揽全局,考虑长远的影响力和可能性。这种思维能力为我们每一次动态地做出正确决策保驾护航。

天才的概率有1%,余下的99%的人都是普通人。普通人在生活、事业上找准目标方向,把握好人生轨迹,坚持做正确的事情,就不怕事业没有起色,不用担心生活不够精彩。试想一下,历史上那些著名的科学家、作家、演艺家,有几个是天才?无非是他们坚持做自己的事情,把握好思想和行为准则,坚持为梦想献身。

"杂交水稻之父"袁隆平长年忍受蚊虫的叮咬,忍受自己的过敏体质,在艰苦的条件下选育出了高产杂交水稻;台湾作家三毛,在物质贫瘠的撒哈拉大沙漠,写出了《撒哈拉的故事》《稻草人手记》《温柔的夜》这些脍炙人口的作品;舞蹈艺术家杨丽萍忍受着多次扭伤腰骨之痛,创作出在央视春晚上的成名作《雀之恋》。他们真正的过人之处,在于信仰坚持做的事情,然后一以贯之扎实地干下去。

诚然,长期坚持做一件事情,也有可能不会有回报,但不去做、不坚持,肯定永远没有回报。只有不怕辛苦的人,才有可能获得命运的优待,谁努力付出,谁就能超越将近95%的同行。当然,这个过程中少不了迷茫、纠结,无畏思想上的挣扎之苦,无畏行动上的辛劳之苦,这些都是坚忍力的"大比拼"。

我的一位大学老师曾说过:"当你不再害怕尝试,

敢于实践自己的梦想时,你也就不计较名利得失,不计较付出,更不期望获得别人的认同。"他的话至今鼓励着我。目光长远的人从不轻言放弃,当你长年累月地坚持去做一件正确的事情时,总会比别人获得更多的进步,成功也来得比别人更快。

在我们生活的这个世界里,每一个领域都有不为人知的辛酸,每一个行业也都能出状元。在别人功成名就的时候,不用羡慕妒忌,也不必去比较,只需用心经营自己,持续学习别人的长处,迟早会成为那5%的顶尖高手。

抗逆力

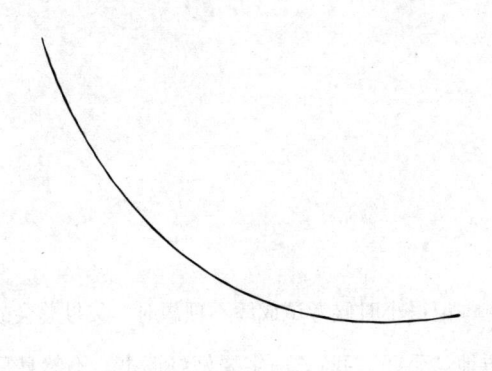

真正的人生，
始于走出舒适区。

记得小时候考试成绩不理想时，父母总会故作严厉地"恐吓"我："一定要好好读书，不然日后像天桥下的叫花子一样，没有技能讨生活，也没有家人和积蓄，只能乞食度日。"

当时听了这些话难免瑟瑟，长大后才真正体会父母的那份苦心，他们不外乎是希望子女成材，至少有一技之长，免得在他们百年后遭受生活的磨难。

"望子成龙，望女成凤"是中国父母的心声。"80后"已过不惑之年，"90后"也已而立，"00后"和"10后"正处于人生快速成长期，他们多数是独生子女，赶上了经济高速发展的时代，一直享受着充沛的资源，处于优渥的物质环境中，往往被过度保护，导致某些方面的心智发育缓慢。

两年前我曾看到一篇报道，一名高中生在高速路上因为和妈妈发生争吵，停车后一气之下拉开车门跳下大桥。事发后，妈妈后悔不已，哭诉当时只是批评了孩子几句，没想到孩子气性这么大，竟能结束生命。当时网络上有各种各样的观点，有人哀叹孩子心理素质太差"玻璃心"，有人言辞激烈地抨击家长，认为一定是平时对孩子缺乏关爱，才会酿出这场悲剧。

其实用两分法来评论孰是孰非未免太过武断。天下父母多爱孩子，只是教育方式千差万别。青少年的心理问题极难被发现，给孩子们一颗强韧的心脏，培养他们的抗逆力，在面对压力和困境时能够积极适应、应对，比追求学习成绩更重要。

此事引出一个值得探讨的问题——一个人长期生

活在舒适区中，究竟好还是不好？答案很明显，当然是有害无利。用美国作家尼尔·唐纳德·沃尔什的话来说："真正的人生，始于你走出舒适区。"没错，现在的孩子大多衣食无忧，但也要承担来自学业、人际关系或家庭关系方面的压力。他们不可能长期处于家长的保护之下，势必要逐步接触社会，要拓展学习圈、生活圈、社交圈，之后便会遇到各式各样的人和事。人与人之间的接触常常引发思维碰撞，别人的观点和为人处事方式会不可避免地带来冲击，有的帮助孩子成长，有的则制造麻烦和障碍。

其实不只孩子，每个年龄段的人都应该有意识地走出舒适区，培养和提升应对挫折的复原能力。

人到中年，即使事业有成、家庭幸福，也需或多或少地承担家庭责任和社会责任。我们无法预测每时每刻将会发生什么，也许上一秒还沉浸在成功的喜悦当中，下一刻失败就会到来。面对惊喜、失望、无序的交替，我们必须内核稳定，无论发生什么事情，都能安住其中。

老年时，即便儿孙满堂，也抵挡不住生理性衰退、耳聋眼花、反应迟钝，还不得不面对健康问题以及孤独等挑战。

可以说，人生无时无刻不感受着逆境、创伤、威胁，充满了未知和不确定。

曾经和眼下的舒适区仿佛是煮青蛙的温水，人在里面待的时间越长，生存能力越会不由自主地下降，直至丧失挣扎的本能。往后的人生里非但没有变化、惊喜和乐趣，长此以往，会跟不上时代发展，认知落后，如青蛙被烫死一般，很快变得毫无价值。以健康的态度，积极面对人生长河中的各种压力，乐观、向上、不言放弃才是正确的"姿势"。

有意识地提升自己的抗逆力，我身边最典型的例子是一名律师朋友。他虽然年纪轻轻，但在十多岁的时候就明白了这个道理。

这位朋友自小家境贫寒，饱受同学嘲笑与欺负，但他习以为常，深知努力学习是唯一出路，课余时间还勤工俭学，帮别人干农活、捡废品。大学毕业后，他成为一名律师，虽然过上了曾经梦想中的生活，但又觉得趁年轻应该继续努力，多看看外面的世界。于是，当其他同事满足现状时，他申请到国内一家知名律所当律师助理，从底层做起，以便积累更多的专业经验。别人都取笑他，殊不知朋友的理想是日后能拥有一家属于自己的律所。

想到和得到中间还有个做到，勇敢走出舒适区的最大意义是避免陷入惰性，思维固化，人生原地踏步。如果原本能力有限，更不应该贪图一时的享乐，也不要羡慕别人安逸的生活。人与人之间本来就没有多大可比性，一个出身富裕的一线城市的孩子和一个贫困山村的孩子，从小的生活条件截然不同，如果农村孩子只会羡慕别人却不懂思考自己的人生，那么他的命运大概率不会改变。同样，富裕家庭的孩子如果一味依赖父母，在成长的路上不依靠自己融入社会，学习谋生技能，那么未来也只能止步于此或逐渐下行。

永远不要害怕去奋斗，也不要担心在奋斗的道路上会遇到拦路虎，会遇到电闪雷鸣。破解内心对安逸的渴望、对舒适和享受的沉溺，擦亮眼睛，挺直腰板，走出原本的舒适区，敏锐察觉自己的局限，及时谋求改变，才能够走向世界，成为你想成为的人，做任何你想做的事情。

欣赏力

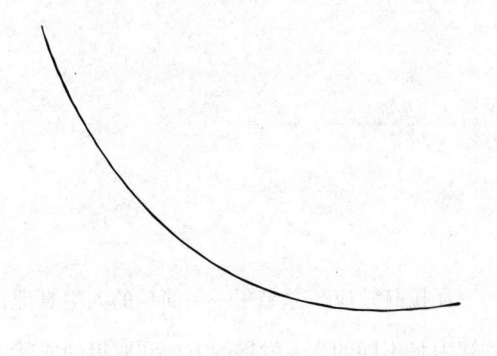

**这种发自灵魂深处的良知与热爱，
更容易获得良好的人际关系。**

瓦拉赫效应①总结了一条简单的人生真理，即人的智力是不同的，人发展的方向和取得的成就也大不相同。只有根据自己的喜好、兴趣、智力来找到自己的目标方向，才能够创造出最佳的成绩，充分发挥自

---

① 心理学效应。这一现象由诺贝尔化学奖得主奥托·瓦拉赫的故事而得名。瓦拉赫在中学时被认为在文学和艺术方面没有天赋，但在化学领域却展现出了惊人的才华，最终成为一位杰出的化学家。

我价值。

俗话说，尺有所短，寸有所长。每个人都有自己的长处，也有不足，人与人之间的性格和才能存在着差异。每个团队里一定有创造高绩效的成员，也肯定存在拉低平均水准但在其他方面突出的人。所以，团队需要有管理者，根据每个人的长短板拆解任务，分配工作，带领大家集体创造价值。

每个人不仅能力不同，喜好、倾向也可能相距甚远。有些人习惯从积极视角待人接物，经常能一眼在人群中找到志趣相投的同类，而有些人则相反，不是对别人诸多挑剔，就是用充满敌对、抱怨、打击的眼光审视。前者容易发现别人的闪光点，具备欣赏的能力，这种发自灵魂深处的良知与热爱，更容易获得良好的人际关系，与人打成一片，借他人的才干和优势助自己成长；后者则相反，不但眼界狭窄，学习能力和审美趣味也不高，在他们眼中，很难看到别人的优点，总是固执地陷入自己的认知当中。

我有一位前同事，某天晚上打来电话，从开口第一句就是抱怨，诸如自己明明工作很努力，人缘也不差,为什么一直得不到晋升之类。他压根儿就没给我说话的机会,自己越说越气越激动,一味地批评领导眼光差,不懂看人。放下电话后,我不禁叹息良久,对这种自我认知不足感到既可笑又无奈。

常见自心过愆,不见他人是非好恶。希望他只是处于情绪顶点时的宣泄吐槽,并且到此为止,冷静下来能够反思自己的错误过失。至于现在评判领导的是非好坏,寻求心理代偿,不仅没有任何意义,还会让自己持续受干扰,内心无法平静。

这位前同事在公司时表现确实很积极,上班比别人早,下班总是最后一个离开,对每个人都非常热情,做事经常抢在前头。但每个月的业绩报表上,他不是倒数第一就是倒数第二,大家目之所及的"努力工作",只不过是他借用公司电话处理私事,早到晚退的目的是被领导看见……所有的表象都是不产生生产力的表面功夫,的确没有创造出实用价值。

很多人在生活中,往往只从自己的视角看问题,以自我为中心,擅于张扬自己的优点,向别人阐述自己的观点。他们在事不如人意的时候,往往听不进一点儿别人的意见。我在电话里几次想告诉他,相比业绩,公司一直更重视工作态度,其实很宽厚了,然而他却顾而言他,一次次地打断我的话。我被迫听了一通"没营养"的抱怨,最后实在忍受不了,不得不挂了电话。对于这样固执己见的人,聪明人是不会跟他们讲道理的,因为无异于对牛弹琴。一个人固执起来,只看到别人的问题,对自己的执念和错误却又报以原谅之心,实属很难沟通。

日本杂物管理咨询师山下英子在著作中推出了"断舍离"的概念,后来成为人们的生活哲学理念。从大局层面来说,它可以帮助人们处理情绪,例如调节混沌的思维、舍弃不必要的杂物、丢弃没用的烦恼等。只有清理掉内心的障碍,丢弃妨碍前行的杂物,人生才能够过得更加舒适。

当一个人不被杂念困扰,明心见性,就能够坦然地接纳一切,包括认识到自己的缺点,欣赏并认可别人的长处。欣赏力提高后,人会顺理成章地变得谦虚,取长补短。反之,若是一个人眼光、思维狭窄,看到别人的长处不但生气,还滋生攀比、嫉妒、自卑心理,这样不仅影响自己的心态,滋生戾气,当思想和行为认知偏离正常轨道时,还会带来更多麻烦,试问生活和工作又怎么能够顺利呢?

《三国演义》中司马懿曾说:"看人之短,天下无一可交之人;看人之长,世间一切尽是吾师。"从某种意义上来说,欣赏力就是学习力。人生一路走来,遇到的人和事,是朋友、敌人还是老师,皆由心态决定。

欣赏者心中有朝霞、露珠和常年盛开的花朵,欣赏的力量是无穷的。因为欣赏,我们加深了人与人之间的理解和沟通;因为欣赏,我们在和谐中更多了信任和肯定;因为欣赏,我们感受到了大自然的美妙和神韵;因为欣赏,我们告别了郁闷和沉沦;因为欣赏,我们不知不觉提升了自身。

纠错力

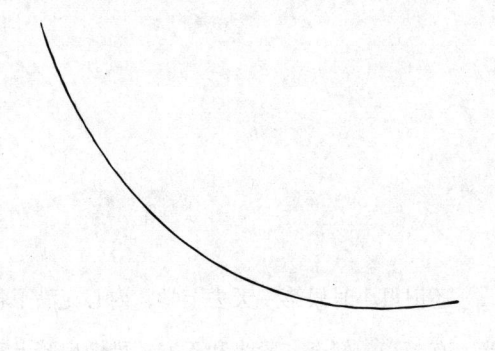

惯性让我们不敢去修正自己的错误，
反而花费大量的时间精力去掩盖和逃避错误。

还记得小时候第一天去上学，内心充满了各种情绪，有兴奋、好奇、紧张和不安，稚嫩肩膀上背的是书包，也是社会和家人们的期望。从此，勤奋学习、尊师重道、锻炼身体、积极参与社会实践，按照"模板"一路走来，我们不断汲取信心和力量，始终保持着前行的步伐。

成年之后，心态较儿时发生了变化，开始思考更多的问题。比如，如何当一名合格的成年人，如何才能成功，怎样获取更多的社交资源和人脉资源等，相信这些都是初入社会有着成功梦想的年轻人的共同疑问。

大学期间，我同样在追求"成功"的路上狂奔，短短四年，报名参加了十多个社团。为了获得更多资源，我兼顾社长、团支书、社员等多个角色、职务，每天筋疲力尽地处理着大小事务，不到一年就把身体折腾坏了。躺在医院的病床上，我想一定是方向搞错了。

人若无系统性纠错的能力，不懂得反思与复盘，那大概与一头"只顾低头拉磨，不懂抬头看路"的驴差别不大了。

那次之后，我追求成功的心态发生了变化。毕业走上工作岗位后，又经历了职场人事变动和工作的历练，我越发意识到，对梦想和金钱的追求永无止境。人这一生会经历不同阶段，每个阶段里又有不同的际遇，这些际遇造就了人与人之间的差别：不同的人生阅历、不同的为人处事方式，以及不同的价值观。

追求成功无可厚非。利用学识、才干，付出时间和汗水，获得更多的资源和财富，实现更有价值的人生，这些只是成功的必要条件与规定动作。努力不一定成功，但不努力一定不会成功。记得曾经采访过一名企业家，我向他询问成功的要义，他意味深长地说了一句话："不要畏惧犯错，但切记及时纠正，不要重复犯错。"

这说的就是纠错力的问题。任何人都无法避免犯错，但上天是公平的，无论大错小错，都要自己买单。在有识之士眼里，犯错并不可怕，可怕的是同一个错误一而再，再而三地重复出现。很多企业家都经历经过创业失败、投资持续亏损、负债，都在人生低谷徘徊过，但这些并不会对久经沙场的他们造成太大冲击，因为在他们的意识里，犯错可能导致失败，但也能从中汲取教训，如果没有踩过坑、摔倒过，将永远不知道一路上会遇到些什么样的考验，不会思考怎么应对、怎么反思，也永远不会清楚自己有多大的勇气和实力。

张爱玲说成名要趁早，很大原因是年轻人想做出成绩，并不需要太瞻前顾后。年轻首先就是最大的资本，犯错有时间去改正，每一个错误及纠正的过程都是十分宝贵的收获。

邻居家一名高考生曾是班里的尖子，因为发挥失常，导致高考成绩不理想。他心灰意冷，害怕被家长责骂，便起了离家出走的念头。家人焦急地找了他好几天，最后才在一名同学家里找到。看着委屈的孩子，家长什么也没说，只是走过去给了他一个拥抱，轻轻地说："孩子，失败并不可怕，大不了我们重来一次！"

真正爱你的家人，永远不会要求你功成名就，或是与同龄人攀比多有出息。这是一个一切都在流变的时代，曾经优秀，不代表永远优秀；曾经遭受失败和挫折，也不等同于永远低人一等。失败是每个人的必修课，如果不敢接受失败，逃避问题和错误，那么就不会有纠错的过程，这门课也将永远不及格，因为你无法学会成长，自然无从创造自我价值和财富。

很多时候，惯性让我们不敢去修正自己的错误，反而花费大量的时间精力去掩盖和逃避错误。这种复杂的心理现象与个体的心理防御机制有关，人在压力面前，为了让自己免受伤害，常常会出现这种无意识的心理反应。然而这样的心态是没办法参与社会竞争的,也会失去身边真正想要给你提供帮助的贵人。

表弟初入职场的第一份工作是销售代表。他经常邀约新客户吃饭、喝酒,每次都抢着结账,只为能多拿到一份订单,但客户往往酒足饭饱后就不再提合作的事了。领导知道后批评了他:"成交不是体现在饭桌上,也不是体现在酒肉交情上,客户的核心需求是价值匹配的产品和服务,拿得出来,又何愁没有订单?把重点放在吃吃喝喝上,反倒会让客户觉得我们是在用这种方式弥补业务上的短板。"

我们很多时候在追求错误的人际关系,做一些自以为正确的事。其实成功并不需要投机取巧,而人一旦有了投机心理,往往适得其反。表弟吸取教训,从此之后心思都放在了做方案、报价上,"沟通感情"的公关活动能免则免,业绩一路飙升。

除了转变思维模式外,有意识地提升自尊自信水平,接受不完美也很重要。直视错误,直面自己的未来人生,这是最基本的做事准则和为人处世哲学。不必惧怕别人的嘲笑与否定,将重心放在工作本身上,创造出自己的价值,资源和财富就会在不经意间降临。

认知差

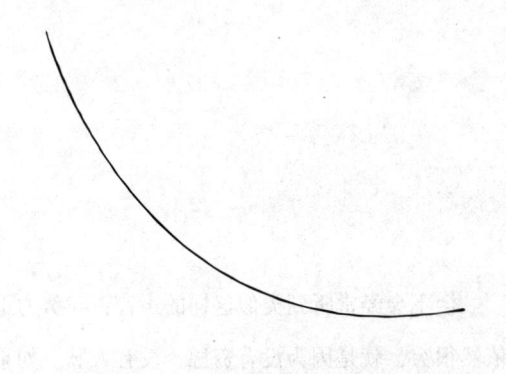

**我们之所以穷,不是因为没有钱,
而是因为没有认知。**

会不会经常听到类似这样的声音:我努力上进却依然很穷,就是因为没有资源,没有人脉。如果背靠大公司,有人赏识,那么我所能达到的层级才是我能力的上限,绝非现在的平庸。

诚然,背靠大树好乘凉。但有时候能不能赚到钱,有没有持续赚钱的能力,跟资源、人脉关系并不大,而是取决于是否有一套正确的做事逻辑和与时俱进的思维认知。

两个在SOHO上班的朋友,同样在做私域变现。辉君每天忙到飞起,所有时间都被工作填满,找素材、策划主题、写文案、拍视频,花大量时间分析数据,面对犹如女朋友心情一样飘忽不定的流量,辉君满身疲惫,焦虑满满。

小懒恰好相反。相比于辉君的勤奋,小懒人如其名,显得非常慵懒、随性,整天四处旅游摄影,时不时发表旅行日志。春天她在泸沽湖看雾霭,夏天她在青海湖看日出,秋天她云游西江千户苗寨,冬天她去哈尔滨赏冰雕。唯美的环境,随意的穿搭,无不闪烁着精致和美感。很多人好奇,为什么小姐姐穿什么都好看?

小懒也不吝啬,用心回复每一条留言,开直播分享穿搭经验、拍摄技巧,还撰写文字分享旅行中所见的美食、趣事,以及民宿体验。

关于她的职业,有人猜是摄影师,有人说是旅游博主、自媒体作家,但她真正的职业是私人形象设计师。

论资源,辉君名校毕业、双硕士学位,小懒只有普通本科学历;论人脉,辉君曾就职于国内头部教育机构,专业从事营销工作,而小懒自学成才,是从销售员转行的新手小白。然而两人的工作成果却恰恰相反:辉君勤奋自律,每天更新三条教育视频,平均睡眠不足五个小时。两年下来,收入却堪堪和生活持平。小懒没有闪亮的履历,没有专业的知识背景,却因为胆大超前,敢于打破常规,用旅拍大片引流,通过写作破圈,弯道超车。

《认知突围》中有一段话振聋发聩:"我们之所以穷,不是因为没有钱,而是因为没有认知。"可见,造成小懒和辉君不同境遇的根源,不是资源,不是人脉,而是对私域变现的认知能力不同,而这取决于两人原本的经验,以及现有知识所形成的思维定式。

思维定式仿佛一组预设在我们大脑深层的基因编码。所不同的是,基因编码是设置于细胞内部的DNA,而我们的认知、思维、所思所想则是被某种定向趋势的心理活动操控与驯化。思维定式本质上是一种思维偏见，具有自限性、倾向性，也是造成人与人之间巨大认知差的根本原因。

基因编码由先天因素决定，思维定式受成长环境、家庭氛围、父母受教育程度、所接受的教育资源以及不同圈层文化积累起来的后天经验的影响。当环境发生改变，思维惯性还处于原来的情境模式中时，所做出的应对措施会受到束缚和禁锢，从而阻碍大脑的创造性思维。

如果连方向都不对，走得再远也是徒劳。

辉君无疑是优秀的，强悍的专业知识塑造了他居高临下的思维逻辑，大公司的经历让他受限于过去的经验，无形中给自己建起了高不可攀的思维藩篱，因此无法撬动被底层逻辑包围的用户的内心迫切需要，当下也就无法做出最恰当的判断、举措，优势反而成了劣势。他被思维惯性所驱使，在偏见的道路上越走越远。

小懒的"出圈"，恰恰是摆脱了经验主义的束缚，跳出了行业内部固有的思维偏见。她来自曾经的圈层，以旁观者、亲历者的身份，触动同样想变美的人们内心的渴望。试想,如果小懒以一位经验丰富的形象设计师自居,那么她会依赖技术、成功案例来证明自己的专业性,这种高高在上、无形中的优越感会引起旁人不适,产生逆反心理,结果可想而知。

心理学家麦基说过:"当一个人内心充满某种想法时,心理就会带上强烈的暗示,继而会去现实中搜寻相关信息,最终形成一种'真是如此'的心理定式。"

诺基亚当年在接受被微软收购的新闻发布会上,当时的CEO最后说了一句发人深省的话:"我们并没有做错什么,但不知为什么我们输了。"

那时诺基亚早已把手机功能做到了极致,但极致往往也会导致故步自封,衰落便开始了,而当遭遇技术时代变迁时,直接导致猝死。

认知决定了所站的高度。没有所谓的富人思维与穷人思维,本质上是各自对信息和知识的掌握透彻程度不同。

科技的创新往往是颠覆认知的本源。曾经人手一部的智能机因屏幕大、易碎而让人苦恼,硬度大的蓝宝石屏幕一跃成为研发热门,却又因成本高、脆、加工难度高而裹足不前。可谁也没想到,柔性折叠屏却以黑马之姿颠覆整个行业。

可见,世界上的事,只有你想不到,没有谁做不到。打破认知壁垒,我们首要做的就是消除认知偏差。

当我们愿意去改变自己的时候,客观理性地看待一切,就跨出了翻越思维藩篱的第一步。用更广阔、更包容的心态去思考、沉淀,从一个有限的天地,进入一个更广阔、更开放的视野中去芜存菁、打破认知。

真正厉害的人,始终保持终身学习者的虔诚,不会给自己设限。认知的边界,就是人生的边界,以从零开始的学习者姿态向外兼容,缓慢持续、与时俱进地扩大认知边界,拓展知识的广度和能力的认知半径。

打败魔法的一定是新的魔法,改变认知的一定是新的认知。

不是舞台有多大,光芒就有多大,而是更宽广的视野和眼界,决定了未来的高度。

　　推倒一面墙的往往是你的心,只有你的心愿意走出樊笼,才能走向远方的远方。

不受力

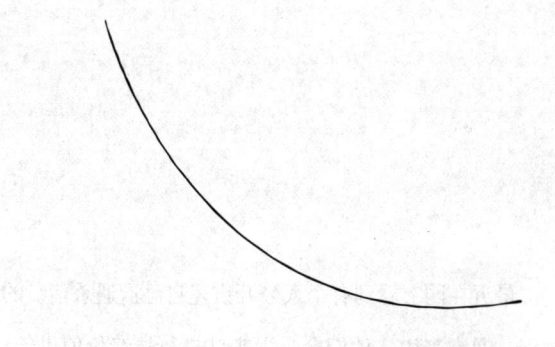

不自证，不入局，不从众，摆脱外界的束缚，保持定力，独立的精神世界才会应运而生。

最近在网上看到有个人公开讲述自己遭遇杀猪盘的过程：通常来说，他们会一上来就进行情绪价值供给，对你所有的分享表现出无限的耐心，然后利用你的信任和依赖引发你的赌性，让你对某些东西进行投资。

这种套路，就像一个完美的剧本，把人代入情绪想象中无法自拔。一开始被这样一个优秀的人赞美、供给情绪价值时，你会获得充分的自信，感觉自己成了舞台的中心。完成这个过程之后,对方会以"带你赚钱"为由,引导你投资,很多人在这个阶段把持不住,为了后续的价值持续投入。

事实上,冷静下来之后,不难看出对方的很多措辞漏洞百出,但当时为什么会相信呢?

很多人的回答是,因为孤独,所以才会被控制。表面上看是相信对方,事实上只是不停地掏空自己,想要持续获得这种情绪价值。

良性的情感关系与控制无关。简言之,如果一个人在情感中会因为别人的一句赞美而感到幸福,又因为别人的一句批评而痛苦万分,这就是已经把自己情绪的主导权交给了对方。

不要觉得批评就是负面的,更不要觉得表扬就是正面的。事实上,所有的关系中都包含着某种试探,这种试探的本质是一种测试。对方通过语言迎合或者语言刺激,将自己的需求投射给你。

记得我学开车的时候,因为掌握得快,教练一直夸奖我。作为驾校那期的"尖子生",正式考试的时候,我的心理压力很大,觉得要是考不过,岂不是无法面对教练?

驾校的经历让我想起了一个因博士退学而一蹶不振的朋友。读博之前,他一直是那种"别人家的孩子",没想到读博后屡屡遭受导师的打击,因无法承受而选择了退学。退学之后,他一直没有找到合适的工作,在家人的冷嘲热讽中患上了严重的心理疾病。

其实,人要活得自在,很重要的一点就是,不要陷入别人有意无意设下的情绪陷阱之中。

一个人批评你或是表扬你,本质上满足的是他们自己的需求。有时候,一些人一上来就把需求以某种方式投射给你,常常是他想驯化你,或者是没那么在乎你。比如你怎样我就会开心,你怎样我就会不开心,等等。如果真的尊重或喜欢你,最起码也会商量,而不是动不动就立规矩。

记得一个朋友曾对我说过,成熟的标志之一就是精神上"不受力",不会太在意外界评价和虚无的光环。有委屈就说,有疑问就问,不逼自己,也不内耗。因为表扬和批评,都只是一种语言的艺术。

稍加留心,你也许会发现,生活中那些看起来更"浑"的人，常常活得自在、不拧巴。其中一个原因就是，他们不太在意外界的评价，不会有那么大的"人设压力"，不那么高自尊，善于为自己考虑。

如果依赖对方的表扬才能拥有自信，很容易变成关系中的工具人。因为你会不自觉地按照对方投射给你的人设去塑造自己，无形当中，你的生活主动权被剥夺了，变成围绕对方打转，以对方的需求和感受为中心。

如果你正常拒绝别人一件事情，却被对方指责诽谤，切记，此事不该由你来负责，此事与你无关。假如拒绝一个人的邀约、求爱、借钱，对方一直记恨你、贬低你，那是他自己的成长课题。

真正的自由，必须学会"精神上"不受力。过度在意别人的评价和看法，本质上是因为我们内在的精神能量还不够强大。

只有不过分在意外界的声音，学会对世界的杂音冷眼旁观，才不会被对方的语言蛊惑和绑架，更专注于事情的本质思考。

人要通过正途获取自信，关键路径之一是原则的建立。原则来源于稳定的价值观和目标，有了这两样,在做选择的时候会有方向感,不容易被别人的言语、行为干扰,也不会过分依赖别人的反应做决策。当然,树立边界,坚持原则,必须承受失去一些人的风险,以及随时可能被别人讨厌。

成长的过程就是理解人性、驾驭赞美和批评,建立起不被干扰的稳定优势。

《被讨厌的勇气》里面有一句话说得很好:"决定我们自身的不是过去的经历,而是我们自己赋予经历的意义。"能为自己的人生做到的,其实只有"选择自己认为最好的道路",而选择了的,一定就是最好的。

当然,我们并非生活在真空中,不可能不面对杂音和相左观点。在这种情况下,想要不被控制,应该学会用冲突建立良性的人际关系。如果害怕和别人发生冲突,你就没办法控制别人的得寸进尺,没办法淘汰掉不怀好意的人。这个冲突并不特指陌生人,有时候甚至就是朋友或同事。

不靠别人对我们的评价来寻找自己的定位,不自证,不入局,不从众,摆脱外界的束缚,保持定力,独立的精神世界才会应运而生。

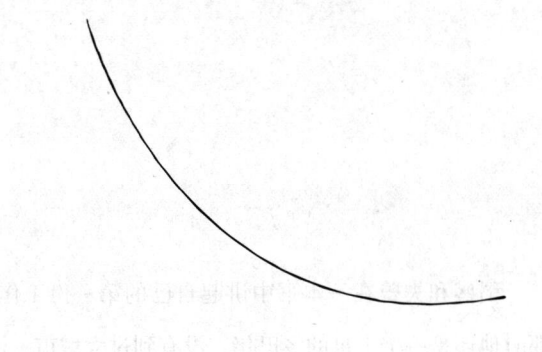

反本能

理性地强迫自己去做那些"痛苦"但正确的事，然后坚持下去，再把这种自律变成习惯。

稻盛和夫曾在一本书中讲起自己的第一份工作。那时他还是一个十足的乡巴佬，没有到过大城市，还有浓重的南方口音。因为这些所谓的"缺陷"，他不敢主动接电话，也不敢随便和人交流。每当办公室电话响起时，他都本能地想躲避。

尽管自卑感如影随形，他还是尝试克服畏惧，主动与人沟通。随后他发现，事情并没有想象的那么可怕,只是需要多一点儿勇气和一些时间而已。他说,在这个过程中,对自己坦诚十分重要:他的的确确就是个乡巴佬,念的也是偏远地区的大学,但正因为这样,更应该克服本能的畏惧心理,抓住每个学习机会。

恐惧、惰性人人都有,强迫自己的确不是件容易的事,但熬过逆着本性的痛苦完成该做的事,才是我们正向成长的道路。本能是天生的,天生会啥就做啥,生命注定没有太高的含金量。真正有价值的事,其中必然包含反本能式的挣扎、克制与训练,必须付出汗水和辛劳,人与人之间的差距也由此而拉开。

李安在《十年一觉电影梦》里有句话说得很好,练功就得逆着人的惯性、本性。惯性不需要学习,天生就会,是一股蛮力。但练功时则是透过压抑或松散本性、摆脱一般反应的牵制,将力全导入正道,成为实力。练成后,在这一层次即能运行自如。

克服本能去追求更高目标的人,往往会获得更大的成就感和更为持久的快乐。这与打电玩的原理如出一辙。电子游戏的魅力在于,它所设置的挑战和目标、每一次进步的记录,以及即时奖励反馈,都为玩家带来充分的成就感,人由此进入一种高度专注的心流状态,这种愉悦感"鼓励"玩家反复"跟进",欲罢不能。这一切,其实是依照我们大脑偏好设计出来的,符合人类的情绪本能。

电玩带来的快乐转瞬即逝,但这个愉悦逻辑明显是成立的。倘若将克制好逸恶劳的本能、投入持久努力这些反本能的"痛苦行为",视作正向成长过程中的游戏通关障碍,我们在现实世界中一路"升级打怪",延迟满足等待长期反馈,本质上也是符合人类大脑偏好的,只不过"游戏"难度加大。幸运的是,在游戏世界中,难度与成就感总是呈正相关。也就是说,反本能行为其实蕴藏着巨大的奖赏。

但所面临的挑战是,本能来自人类基因的硬连接,"感觉"这种最初级的认识活动总是第一时间跳出来,并会长久伴随着我们,妄图成为引领行为的灯塔。于是,许多本能阻碍接踵而至,如及时享乐、急功近利、懒惰恐惧、自私贪婪、草率鲁莽、傲慢多疑等。所谓反本能,万变不离其宗,其实就是要攻克这些障碍。

我有一个学弟,高考成绩非常理想,但大学时开始放纵自我,常常把"生平无大志,只求六十分"挂在嘴上。他的日常生活几乎被游戏填满,被欲望和本能足足绑架了四年,差点儿连毕业证都没拿到。出了校门之后,由于没什么拿得出手的履历和亮点,只能暂时先去工厂工作,还好那时他幡然悔悟,发愤学习,最终通过了司法考试,进入一家律所。

低级的快乐来自放纵,高级的快乐来自克制。后来他说,对比工作后的勤奋,再回头看看大学时代的玩乐,才深刻意识到放纵所获得的快乐是短暂的,人若想获得健康持久的快乐,必须克服本能,及时止损,理性地强迫自己去做那些"痛苦"但正确的事,然后坚持下去,再把这种自律变成习惯。

反本能很痛苦,但它能避免陷入更大的困境。受本能驱使仅仅追求放纵的快感,而不动用智慧、逻辑和思考,实际只是动物的一种特性。

苹果创始人乔布斯说:"从来没有哪个成功的人没有失败过或者犯过错误,相反,成功的人都是犯了错误之后做出改正，然后下次就不会再错了。"

趋利避害是人的本性，但踩过的坑、犯过的错是笔财富，就是比一帆风顺的坦途更能让人印象深刻。大多数人的人生是逆水行舟，前进很难，放纵很容易。我们普通人平常心，不是不能犯错、不能打盹，而是要在不断犯错、不停修正的过程中完善自我的人格，才不会在人生滑向更大深渊时悔不当初。

人生给我们设置的考验也是按照这个顺序来的：大多数人最开始都是靠着原始本能这"一股蛮力"行事，直到我们能把这股"蛮力"规训之后，不断总结失败的经验和挫折的教训，修复自己性格中会致使问题出现的那个漏洞，才能发挥聪明才智，获得更高阶的自己。

并非赚更多钱、换更好的工作就是成长，人因为际遇不同，在财富、职业上的收获也会有所差别。警惕被本能绑架的瞬间，当我们滑向欲望的深渊时，记得多提醒自己，那些让我们害怕的、恐惧的、放纵的本能，会带来更加可怕的后果。

反内耗

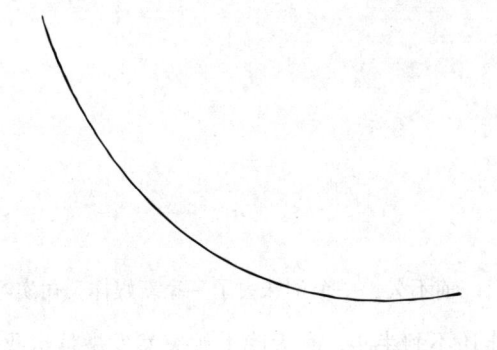

先尝试，后复盘，而不是在执行前反复纠结，在事过境迁后持续后悔。

前不久，一个学妹去了一家新媒体公司实习。工作还不到半年，有天晚上她突然发微信给我："学姐，我被单位辞退了，你能帮我分析一下问题出在哪里吗？"随后，她断断续续地讲述起自己这半年的经历。

她说自己工作一直很用心，对于领导安排的稿子，每次写完后都会反复检查优化再上交，但是常常习惯性地拖延了上交时间。因为延误稿件这件事，她已经被领导批评了三次；每次和领导对接工作，她总是战战兢兢，反复思索自己的措辞是否欠妥，明明在心里演练了无数遍，但在领导面前表述时还是出了纰漏；只要被领导批评，她就会质疑自己到底适不适合这份工作；被表扬的时候，又开始担心下次会不会犯错，辜负领导的期待……

这一连串的事情最终导致她被公司辞退。

看来，学妹是把过多的时间、精力都花在了胡思乱想的精神内耗上，印证了当下流行的那句话——言未出，结局已演千百遍；身未动，心中已过万重山；行未果，假象困难愁不展——直白点儿说，就是心理反应不正常，想得太多，做得太少。纠结工作结果和自我怀疑的时间远远多过本该在工作上投入的时间，消耗掉了相当多的情绪，影响了真正投入工作上的时间和心力。

发生这一切的底层原因是无休止的自我怀疑，导致思想和行动严重偏离，产生巨大落差。像担心稿子质量不达标这种事，本属人之常情，但"未雨"需要的是"绸缪","绸缪"是行动力,而不是止于胡思乱想。

记得有位非常成功的Z女士,她在讲述经历时曾谈到过触动最大的一件事。

当时,20多岁的她作为一名实习生参加了一次行业聚会。因为表现出色,一位行业大佬的秘书给她递了一张名片,询问她愿不愿去他们公司任职。

Z女士当时纠结了很久,最终还是退缩了。她说当时把自己从头到尾分析了一遍:容貌一般,身材也不够好,语言表达能力不强,性格不够活泼大方,专业似乎也不是特别对口……怎么想都觉得匹配不了那家公司,所以干脆直接就否定了自己,认为完全不能胜任这份工作。她甚至觉得,对方抛出橄榄枝,背后也许有什么其他想法,因为她不相信幸运会落到自己头上。思来想去,她最终还是找了个借口拒绝了大佬的秘书。

那位秘书特别不理解地说道:"你还年轻,与其把时间花在纠结上,不如先来我们公司尝试尝试,不会的东西可以学,就算到时候再说不合适,也来得及。"

一个劲儿自我否定的Z女士最终还是没有去那家公司,而是顺从父母安排的工作机会,按部就班地上班。

两年后,因为一次商务合作,Z女士又有了一个机会去听邀约过自己的这家公司的创始人的讲座。

彼时,该公司经过两年发展,已经跻身专业领域的前五名。讲座结束后,Z女士趁着聊天间隙,告诉创始人自己当时差点儿成为他下属的事情。

没想到公司创始人立刻回应道:"如果你愿意的话,现在也可以随时来我公司上班。"

这一次,Z女士没有犹豫,认真整理简历投了过去,成功应聘为一名产品助理,两年后升任产品经理。在之后的职业生涯中,Z女士打造出好几款品牌产品。

群体心理学中,有一个专有名词叫内耗效应。可以理解为,群体内部因不协调或矛盾等造成的人力、物力等无谓的消耗而产生的负效应现象。对于个人来说,内耗效应的主要表现是犹豫不决、过度恐慌、自我贬低、过量地使用自己的控制力，与自己较劲。Z女士初次受邀时的表现就是典型的自我贬低，不必要的消耗使她错失了两年时间。

同理可得，一个人在行动的时候，若每个想法的执行都拖泥带水，每件事的发生都一直反刍，必定一事无成。人真正的改变，靠的是日积月累的行动和真正有价值的指导思想。

先尝试，后复盘，而不是在执行前反复纠结，在事过境迁后持续后悔。知行合一，才有可能突出重围。

整合当下能够付诸实践的行动，马上投入行动之中，才可能成为那个真正发生改变、一直笑到最后的人。

当我们懂得修炼一颗强大的内心，不过度揣测尚未发生的事，不受杂音干扰，埋头踏实做好手头的事，方能百尺竿头，更进一步。

孤勇者

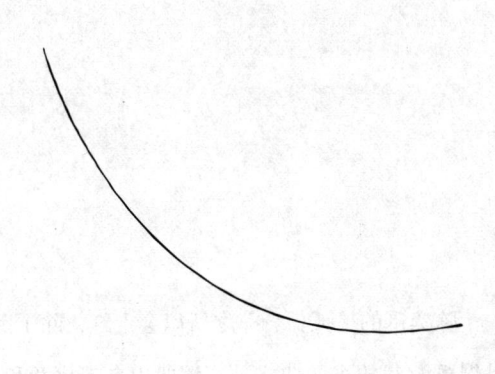

> **在我们一生当中,大多数事只能一个人做,大多数伤只能自己慢慢愈合,大多数苦必须一个人经历。即使身边有家人与爱人陪伴,仍然不得不独自面对这个世界。**

陈奕迅的《孤勇者》之所以会走红,除了因为它是爆款游戏的主题曲之外,词曲中自带战意和力量,充满了对自我价值认同的渴望。

人类属于群体动物,在进化过程中形成的社交依赖,根植于每个人的基因中。所以,害怕孤独、寻找同类为人之天性,但现实生活中孤独却避无可避,人生许多事情必须一个人面对,一个人承担,犹如我们最初来到这个世界或将来离开一样。培养自己的孤勇者气质,也许是最好且唯一的选择。

朋友嫣然告诉我,刚参加工作时,曾经有一段时间她常常失眠。那个时候,她觉得自己好像被整个世界遗弃了。每当睡不着的时候,她就爬起来看江景,黑沉沉的夜幕下,江面上一闪一闪的渔火让她觉得特别温暖。那些有光芒的东西,可以触动童年的记忆,让她安全感满满。

当时嫣然是一名背井离乡刚入职场的新人。她说受一些委屈是可以忍受的,工作上遇到一些刁难也可以解决,但就是那种孤独感一直无法消弭。同事间随意开个玩笑说一句话或者玩个哏儿,大家相视一笑,自己却一头雾水,根本不知道发生了什么。那种尴尬,让她心情瞬间跌落,觉得自己跟周围的人格格不入,无法融入的孤独感像一尾小鱼初入大海,茫然而又漂浮不定。

相信绝大多数人与嫣然一样,可能都会经历一个孤独期。我们的备感煎熬别人无法体会,别人的快乐我们也不能分享。也许是因为远嫁,也许是工作变动,抑或只是失恋了,再或者是喜欢一个人生活而选择不婚。不管何种原因,我们在渴望得到慰藉的时候,现实中并没有可以言说的对象,甚至根本没有人在意或者感同身受地为你着想,那么这些伤心难过的悲情,只能一个人默默消化。

然而,生活逐渐揭露的真相却是,在我们一生当中,大多数事只能一个人做,大多数伤只能自己慢慢愈合,大多数苦必须一个人经历。即使身边有家人与爱人陪伴,我们仍然不得不独自面对这个世界,每个人都要各取所需,无法幻想别人救自己于水火之中。因为不管什么时候,只有自己最了解自己,只有自己最知道自己需要什么,只有自己努过的力不会抛弃自己。正所谓"佛不度人,唯人自度"。

众所周知,英国著名作家J.K.罗琳在出版第一部《哈利·波特与魔法石》之前,曾被数十家出版商拒绝。因为在英国当时的创作环境里,儿童领域的读物,普遍男作家的书比女作家的书更好卖。况且《哈利·波特》的故事太过于离奇和天马行空,几乎所有书商都不看好。

平庸的人等待上天赏饭，不甘平庸的人会主动寻找机遇，在绝境中求生。虽然多次被拒绝，但心性坚韧的罗琳始终相信自己的创造力和想象力。后来，她在图书馆翻阅到一本名叫《作家和艺术家年鉴》的书，记住了一个名叫克里斯多夫·里特的知名出版商。随后，罗琳把自己的书稿寄给了他。于是，一部优秀的儿童读物问世了。虽然第一次出版只印了500册，但对于之前曲折的出版经历来说，这已经是天大的好消息了。如今"哈利·波特"系列早已风靡全球，不仅多次再版，还被翻译成多种文字、搬上了大银幕，最终成为一部超级畅销的经典作品。

在成功之前，坚持正确的认知，做一个孤勇者，需要莫大的勇气。太多的人因为畏惧失败而不敢投入，甚至压根儿不敢开始。事实上，失败了、被拒绝了，又能怎么样呢？在另外一只靴子落地前，谁也不能保证下一秒会出现什么样的转机。"石油大王"洛克菲勒说过，只有放弃才会失败。是的，失败了大不了站起来重新来过，没有谁规定真英雄就不会满身泥泞。

我们习惯性高估自己欠缺的东西,而低估自己所拥有的东西,以致丧失掉很多翻盘的机会。其实追逐成功就像打井,你不断地打了一口又一口,追求数量而忽略了深度,可原本每一口都距离出水口很近,只要再坚持一下,就能看到水花冒出来,你却偏偏在出水前一秒放弃了。

黎明前的那一段黑暗无疑是最难熬的。

记得我刚开始写作的时候,因为底子薄、基础差,每次写出来的文章都要修改很多遍。有一次,同一个题材连续三次都没有通过,我开始着急了,质疑自己是不是没有这方面的能力。

于是,我就有些懈怠。幸好当时对接的编辑非常负责,她得知我的心理活动后,没有着急催稿,而是专门抽出时间帮我分析问题出在哪里,还告诉我她也会遇见这种问题,开导我不能因为暂时的困难就放弃了。

后来,在她的鼓励下,我又熬夜通宵修改了两次,终于通过了审核。

生活中我们经常会置身于"快要坚持不下去"的

场景、举哑铃重量达到极限、考试时间临近答不完题、项目资料怎么也理不出头绪……很多时候只是挫败感在作祟。这时候告诉自己，坚持一下，再坚持一下，曙光可能就在前方，或许就会取得意想不到的胜利，但如果主动放弃，很可能就与成功擦肩而过。

如果咬牙坚持仍然失败了，那也不要紧，更不要质疑咬牙坚持的必要性。就像《孤勇者》里所唱，不是站在光里的才是英雄。我们曾经努力过、奋斗过、争取过，只要竭尽所能就没有什么遗憾，接下来只等待时间和命运的抽签。在通往成功的版图上，无论什么时候，遭遇委屈、沮丧、辛酸都没那么重要，关键是不要忘记站起来的勇气。

记得朋友小莫刚参加工作的时候，因为容貌问题，屡屡被面试企业拒绝，甚至有一次还遭受了毫不留情的奚落，说他的加入会拉低公司的颜值，影响业绩。

为此，小莫陷入抑郁，一度想贷款去整容。后来，他遇到了已毕业的同系师兄，那位师兄在读书时就开了一家快递站点，没事时自己送件，忙不过来就让校友兼职送件。

师兄虽然跟小莫交流不多,但很欣赏和认同他的踏实肯干。当时,师兄正准备考博,没有时间经营快递站,而那时快递业刚刚兴起,前景大好,师兄不想放弃,于是邀请小莫做合伙人,一起发展。

没想到几年后,他们的事业蒸蒸日上,还成立了自己的物流公司。那些曾经把小莫踩在脚下的奚落,变成了打脸的巴掌,狠狠击碎了那些几乎将他摧毁的流言。

所以,坚持下去,找到适合自己的赛道,也许就能实现属于自己的辉煌。年轻的时候,我们所经历的种种磨难其实并不可怕,可怕的是被挫折、白眼、嘲笑和痛苦打垮,不愿意鼓起勇气重新站起来继续前行。其实,当你突破自我,成功到达彼岸的时候,你会发现所有流过的泪、受过的伤、承受过的痛苦,都是生命中宝贵的财富。

也许你此时正在遭受挫折,也许你投资失败一无所有,也许你中年失业不得不转型,但不论承受了什么,请记住,要想成就大事,就必须有孤勇者的气质，孤独且勇敢，坚韧又执着。苦吗？嚼嚼咽了。①这些看似苦涩的经历，正是塑造我们品格的过程。跨过去，你会发现，这个世界上真正能够打败你的只有你自己，只要自己不认输，就不会输。

歌德曾说，我们越接近目标，困难就会越多。不要因为一时的失意而退缩，更不要因为外力的阻挠而轻言放弃。一万次跌倒，要有第一万零一次站起来的勇气。只要我们咬定青山不放松，总会冲破黎明前最黑暗的一段路。愿你能做属于自己人生路上的"孤勇者"，当阳光穿破云层时，在坚持的道路上，迎来属于自己的万丈光芒。

---

① 电视连续剧《人世间》里男主角周秉昆的一句台词。

前瞻力

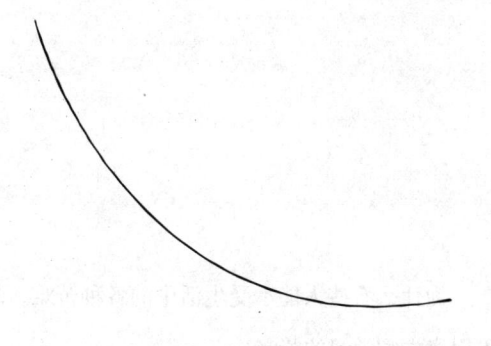

**顺从了自己人性上的某些情感需要,
却往往埋下了人生规划偏差的隐患。**

为什么有些人能承受生活中的各种苦难,却独独不愿意去吃学习的苦?

在这个问题下面,我觉得最切题的答案是,生活的苦是被动的,你只能承受;而学习的苦是主动的,你可以选择吃或者不吃。我们中的大部分人都习惯于停留在舒适区域,因为没有主动选择吃学习的苦,所以不得不被动承受生活的苦。

的确，在舒适的时候选择主动吃苦，对于大部分普通人而言太难了。这种"受虐"是反本能的，但却具有前瞻性。能做出如此艰难却正确的选择的人，往往都有着超强心智，有远见更有长远谋略，能预测和把握未来。

前几天，某网站节目中一个关于普通人"逆袭"的访谈，就提到了这种人。

接受访谈的几个人都是成功人士，其中一个令我印象深刻。这个人说，其实自己的"逆袭"很简单，只是因为凡事喜欢多想一点儿，所以经常做出和大多数人相反的选择。

当年，其他同学毕业后，都急切地想要回馈父母。这种想法原本再正常不过，那时举全家之力供出一个大学生不是件容易的事，可正是这样的想法局限了大多数人的思维，让他们的发展始终跳不出原生家庭的圈子。

大多数同学的想法是，父母供自己读书不容易，毕业了就可以赚钱了，就可以反哺家庭了。

他的想法却与众不同。自己农村出身，所学专业与毕业院校在市场上的竞争力只处于中等水平,若只看重眼前而不仔细思考未来的发展路径,几年之后可能回到原点。要想获得更大的职业竞争力,必须得有长远规划,增强抵御风险的能力,而这个能力取决于自己的硬实力。

综合比较分析之后,他最终决定寻找有更多发展空间的工作。

怎么定义"发展空间"呢?关于第一份工作,他最在意的是工作之余有没有闲暇时间继续学习。

目标明确后,他果断拒绝了薪资高、节奏紧张的大公司,选择了一份强度适中但业余时间充足的国企工作。看到很多同学一脸兴奋地向父母上交工资时,他心如磐石,并没有着急把钱交给父母,而是用来投资自己。

他说,毕业后的那几年很关键,其实是人生的提速期,最重要的是学会检验和完善学校里所学的理论,减少刚进入社会时外界的狂欢与浮躁带来的干扰。

毕业后的三年中,他利用工作之余学会了编程。

后来，靠着这个技能进入国内一家知名的计算机公司，年薪约70万元人民币。

当时他的很多同学毕业后都是为了求职而求职。原来有些专业成绩不错的，看到某个单位待遇好，就急吼吼地跳槽；有些在某个领域明明不擅长，只因为对方能提供一些微薄的福利，就一头扎进去混日子；还有一些明明待在企业里会有更大发展前景的同学，却为了追求父母口中的稳定，选择了体制内毫无技术含量的闲职，平时有点儿空闲时间就打游戏，几年后发现自己已经远远跟不上时代发展。

大家从同一所学校毕业，因为不同的职业选择，人生境遇迥异。

迫切求职的同学，很多人从学生时代就背负着极大的心理负担和道德束缚。他们一毕业就盲目追求"看起来的经济独立和自信成熟"，着急忙慌地参加工作，急切希望回馈父母。所有的决策都只是满足眼前需求，而不是从长远出发做整体规划。

其实在刚毕业的几年里，父母尚有劳动能力，并没有到急需孩子回馈的地步。而处于发展关键期的年轻人,一旦错过了职场上自我提升的机会,再奋起直追就难度很高了。

很多时候,人顺从了自己人性上的某些情感需要,却往往埋下了人生规划偏差的隐患。当我们迫切地想要证明自己的存在价值,想用物化自己的方式把曾经为学习投入的成本快速变现时,这种学生思维带来的惯性,会让我们在本该需要调用理智长远规划的时候,却被情感俘获,前瞻性思维不足,丧失远见,从而亲手断掉通往大好前程的康庄大道。

把目光放得长远一点儿,从整个人生长河来剖析自己,就能提升思维格局。很多领先优势,主要来自前瞻力——见人所未见,识人所未识,先人一步把握机会,做出正确的选择。未来往往是不确定的,如果仅仅顺应本能依靠惯性,不做系统性筹谋与分析规划,看不到未来的隐患,人生就会如同多米诺骨牌一般,产生一系列的连锁反应,永远被动地处在追赶命运脚步的状态里。

在人生的转折点上,我们要具备开阔的视野和超前的眼光,成为自己的高级决策者,才不会错过提升竞争力的最佳时机。这个过程并不轻松,因而也注定了能做到这个层面的人永远都只是少数。

我们洞悉了这个规律后,就要刻意反复提醒自己,目光要放长远一点儿,做一个富有远见的长期主义者。

小目标

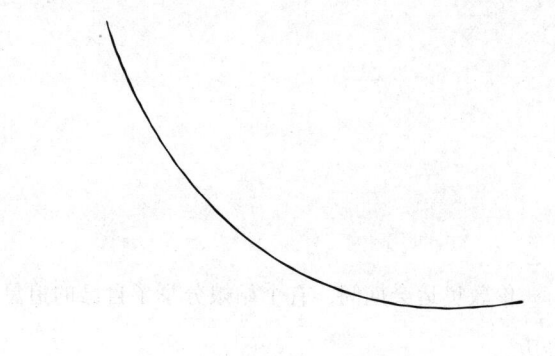

**你要相信,人与人之间的重要差别
就是努力的过程不同。**

伦敦奥运会期间,有个姑娘分享了自己的追星经历。

她的偶像是有"飞鱼"之称的菲尔普斯。为了有朝一日能亲见偶像,她从高中就开始努力学习英语,最终以托福高分成绩争取到了去美国留学的机会。在美期间,她参加了各种和菲尔普斯有关的活动,终于有一天见到了偶像并合影留念。

出人意料的是，平日里爱骂追星"脑残粉"的网民，对这段经历却大加赞赏。这个姑娘在评论区收获了很多祝福，因为她完全是靠着自己的努力和韧劲儿，一步步接近目标，最后实现了愿望。大家在她身上看到了美好与坚持，还有那种为了梦想坚持不懈的决心。

关于逐梦，有位老师曾在一次培训讲座上分享了自己的心得：一是设定的目标要具备可操作性，不能太空泛；二是每个阶段都要有清晰的反馈结果；三是不要把目标欲望的满足感提前透支。

运用这个方法，他做成了很多事。比如把一年写一本书分割成每周写多少字；把"下次考第一"的目标改为"某一门课争取提高 30 分"，集中攻坚后再换另外一门课程。

他说自己最胖的时候体重将近两百斤，减肥难度太大，只能把目标做拆解：第一个月，先养成坚持锻炼的习惯。他用各种方法对自己进行鼓励和心理暗示，先不管具体哪个时间段运动更科学，也不去纠结选择什么运动最合适，只需每天坚持锻炼半小时就好。第二个月，每天锻炼的习惯已经基本养成，在这个基础上，对饮食进行调整。第三个月，加大运动量，从原来的每天半小时提高到 40 分钟。他第一诉求是不能中断锻炼，然后再慢慢地循序渐进，每周掉秤一两斤或者没增重，他都视为胜利。在小目标都一一完成后，他发现自己不用太刻意，也没多痛苦，就达到了最初期待的体重。更重要的是，他找到了一种对生活的掌控感。

有位朋友曾谈及学习方法，她说考研时自己运用了游戏设置的逻辑。那时，她把所有要考的科目当成游戏中的一个个小目标：把单词做成便利贴，贴在墙上，背会一个就是赚到多少"金币"；把刷题试卷看成是"小 BOSS"，达到多少分就奖励自己看一场电影；把一个季度要看完的书当成是自己刷到的秘籍，达到多少本之后就自我奖励看一本课外书。考上理想学校的那一天，她感觉自己就像是一个已经脱胎换骨、一身"神装"的游戏高手。

其实，这种目标切割的模式，可以迁移到许多事情上。实现目标的过程，就是一个不断创造希望的过程,也是一门延迟满足的技术。当我们有可期待、可实现的预期目标时,生活就充满了意义。所以,小目标不能预设得过于高远,但也不能唾手可得,否则都会破坏满足感。相反,经由一个个具体的小目标最终实现的总目标要设置得高远,这样,延迟满足的时间会被拉长,实现后更容易给人带来掌控感和巨大的幸福感。

游戏里所获得的满足感,如同名利和金钱带来的感觉,没过多久就会让人觉得空虚和恍惚,而现实中为达到目标而努力的幸福感和满足感,很有可能会贯穿我们一生。

你要相信,人与人之间的重要差别就是努力的过程不同。当越来越多的"佛系""无欲无求"被人们熟知时,有多少人只是躲在这些词背后掩藏自己的懦弱和懒惰呢?只有真正奋力拼搏后得到的东西才弥足珍贵,在热血的青春里,至少要奋力拼搏一次,至少要努力超越一次自己的本能,人生才不会遗憾。

第二章

欲而不贪

**欲望是一个人的行为与决策的基本驱动力，
　　但它也是把双刃剑。**

"你知道吗，小张居然把我删了！"

"天啊，昨晚我发现她也把我删了！"

"小张是不是跟你借过钱？"

"对啊，难道她也跟你借过？"

早上刚上班，就听到办公室里两个同事的对话。从她们慌张的交谈中，我得知原来早在半年前，公司文员小张分别向她们借过几千块钱，一直没有归还。

前几天，小张悄悄向人事部提交了离职报告，办完手续后就退出了公司所有的群，随后又删除了所有同事的联系方式。

两人只能报警，寄希望于警方帮助找到小张，要回自己的钱。

事情发生后，公司里一个同事跟我说，小张经常在工作时间找不到人，还总是早退。这让我想起了一件事，有一次我外出见客户，发现小张上班时间居然在公司楼下的商场里买衣服。我上前询问时，她面不改色地解释："刚才送客户下楼，她有事情先走了，让我帮忙把她买单的衣服寄过去。"顾念小张平时与大家相处融洽，买衣服也是为了关照客户，我便没有追究。万万没想到，小张这次居然涉嫌金钱欺诈。

两个同事这才反应过来，难怪她平日里花钱大手大脚，一身名牌，还经常请大家喝奶茶、吃饭，原本只当她家境不错，是个精致的女孩子。

人性是复杂的，人心不可捉摸，就算是一个身经百战的成年人，也未必历练得火眼金睛。

小张的事让我很感慨，一个人在社会上行走，通常会经历很多复杂的事情,面临很多诱惑。在这个物欲横流的时代,人们难以把控对物质消费的欲望。欲望是一个人的行为与决策的基本驱动力,但它也是把双刃剑。从经济学角度来说,当我们有能力满足时,欲望可以被称作需求,需求鞭策努力,合理的欲望就是动力,能产生积极的影响。但人的欲望是无限的,人的能力却不可能无限大,所以需要我们适时自发调节,控制欲望趋于合理,保证生活不脱轨。此外,一个人要活得正直阳光、保持心灵纯净,不被人情世故和欲望所累,也应随时提高警惕性,提升对欲望的管理能力。

现实中往往有一些被欲望冲昏头脑的人,在金钱、地位、物质的诱惑下,由于自身能力与价值追求不匹配,心理上产生巨大的落差。我看到很多新闻报道,有的年轻人在看到精美首饰、名牌车子、诱人美食甚至虚假的社会头衔时,就会控制不住自己的欲望想要拥有,为此不惜四处借钱来满足虚荣心,如同小张一般,陷入万劫不复的境地。

心理学研究表明,很多人之所以会在物质面前出现攀比心理,与消费价值观不平衡有关。人一旦出现"消费扭曲心理",就会变成一个"购物狂"。也就是说,当一个人羡慕别人的东西而自己没有能力获得时,自身的消费能力与收入又远低于实际消费水平,如果不及时正视这些问题,人通常抑制不住消费冲动,一部分人便会使用非法和非道德的手段来获取。

既然人人都知道天上不会掉馅饼,为什么还会有那么多人贪小便宜上大当?无论是年轻人还是中老年人,轻易被一个低级的诈骗电话骗走钱财的案例不胜枚举。一名警察朋友对我说,骗子太熟悉现代人的心理,正因为人们都有贪念,所以对利益、物质回报的欲望常常超出合理范畴。被骗走钱财之后才幡然醒悟,天上真的不会掉馅饼,而自己偏偏掉进了骗子设下的陷阱里。

人在面对物质的时候,当消费与实力不匹配时,一定要冷静下来,仔细分析,懂得"量入为出"的道理,这才是成年人应该树立的正确消费观。控制好自己的欲望,认清自己的经济实力,掌控好物欲的尺度,欲而不贪,方能行稳致远。

别在不值得浪费的年华里,去追求华丽不实的东西,也别陷入盲目的消费观里,要让未来的你,得到命运馈赠的最具价值的"礼物"。

过程导向

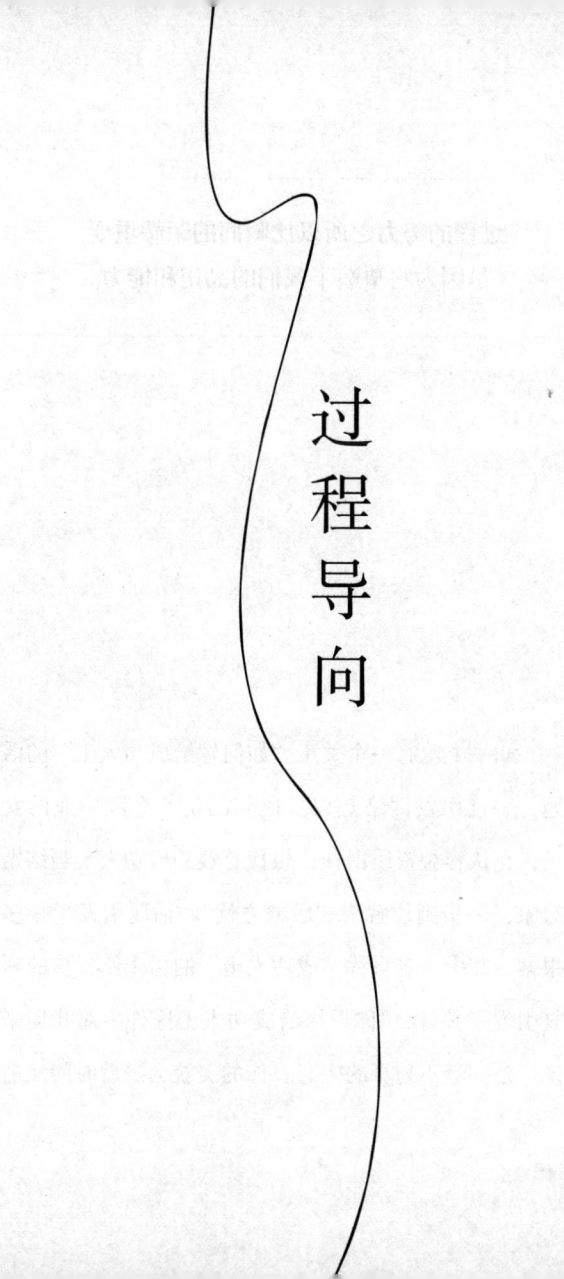

> 过程的努力之所以比瞬间的荣耀重要,
> 是因为它塑造了我们的品格和能力。

知乎上曾有一个关于"如何嫁给成功人士"的话题,一度引发网络热议。提问的是一个刚毕业的女孩,自认容貌资质俱佳,想找有钱的成功人士当结婚对象,一步到位解决"后顾之忧"。话题引发了很多跟帖,其中一名自称"成功人士"的男士给女孩的回复引发了关注:"你想嫁给成功人士这件事对我们来说,是一笔不划算的生意。你的美貌会随着时间流逝而贬值,而我们的能力和财富是增值资产。与其花时间寻找成功人士,不如把时间投资在自己身上,增加你的价值,这样反倒有可能找到理想的对象。"

不可否认,这个时代,很多人对生活心生不切实际的幻想。不劳而获、一夜暴富的心理根源是懒惰和贪婪,思维模式本质上是"人吃人",自己不创造任何实际价值,通过剥夺他人的利益来满足自身需求,自己的获得以对方的牺牲为代价。

这种心态的形成通常有两个来源:一是习惯安逸和舒适,思想里原本就缺乏努力和付出的意愿;二是遭遇一次或数次挫折后,内心沮丧选择放弃。

世界的资源是有限的,人生这一趟旅途,只要我们来了,就有自己的职责和使命。任何时候,不付出劳动,就没有价值产生,更无法找到比较优势,获得交易价值。依赖他人也许可以成为一时不劳而获的捷径,但靠山山倒,不可持续。因此摒弃"等靠要"的价值观,从客观上来讲,是因为这不符合生存法则,倒不只是基于人们道德情感上的排斥。

上天不会永远偏爱某一个人,也不会辜负愿意奋斗的人。每个人走过的路，经历的事，积累的经验，都会成为毕生的财富。足够幸运的话，也许在某一个阶段还会特别顺利，比如得到扶持、少走弯路，但其中的艰辛、努力一点儿也不会被省略。在奋斗和挣扎的过程中，永远苦乐参半。

很多人都有坚定的人生目标，有的希望实现儿时的梦想；有的成年之后开始体谅父母的辛苦，想让家人过上更幸福的生活，他们背负着不同的寄托和梦想，奔赴各自的前程。

在逐梦的过程中，除了脚踏实地之外，不存在任何捷径。考验通常悄无声息地降临，不知不觉间，会让人动摇价值观，动作变形。比如，几经跋涉，历经沧桑，有些人选择百折不挠，继续前行；有些人半路回头望去，开始后悔自己低估了事情的难度，于是"转念一想"，注意力放在了投机取巧上。过程的努力之所以比瞬间的荣耀重要，是因为它塑造了我们的品格和能力。

我家楼下蛋糕店有个叫笑笑的店员，每次客人进门，她都热情打招呼，但前两天，听说她突然接到辞退通知。

为此,她愤愤不平地找到店长理论。店长平心静气地说:"你虽然每天上下班准时,可我在监控上看到,只有当客人进门的时候,你才会热情地忙碌。一旦没有客人,你不是偷玩手机,就是借口去上洗手间。你要知道,店里的工作不只是招呼客人,还有清洁、盘货、验货、陈列、防损等大量工作要做,大多数时候,你都把这些活推给其他同事干,大家早就有意见了,而你对这些工作从来不上心,偶尔做也会出错,现在还需要问我理由吗?"

一番话说得笑笑无言以对。她以为自己偷懒不会被发现,把面子上的工作做了,只要应付好客人就可以,谁知店长虽然平时不常在店里,却细心观察到了一切。

可以说,侥幸心理是很多人的普遍心态。似乎每家企业都有这样的员工。大多数人都是为了一份薪水,而不是将工作当成一种目标,他们对工作并未抱有热情,以混时间的方式混日子。如此这般,工作中哪还有动力可言,又如何能取得真正的成绩?

笑笑离职当天,我恰好去买西点,跟她聊了两句。她仍然觉得委屈,离职对她来说始料未及,前两天还陶醉在与熟客沟通游刃有余的状态中,甚至想再过段时间就和店长提加薪。她说,刚出来做事时只知道傻乎乎地忙清洁、搬运这些"里子活",常常累个半死还得不到半点儿好处,后来听了一个同事的建议,她就一直有意识地把工作重心放在招呼客人上,可以前从来没人指出过这么做有什么问题。同期出来的小姐妹,有几个人已经做到主管级别了,这次突然被辞退让她无所适从,甚至对今后工作到底该怎么干都迷茫了。

我能理解笑笑的"想不通"。仍如"温水煮青蛙"的过程一样,我们在抱有侥幸心理的时候,可以说就是锅中的那只青蛙。水不觉得太热时,还在庆幸自己幸运,感觉眼前这套"生存法则"十分奏效,性价比高,根本想不起来思考现状,对于未来也不加规划考虑。这是极其危险的,投机取巧一般都会将双眼紧紧蒙住,忘记了脚踏实地,一旦小聪明被戳穿,会毫无招架之力。

笑笑初入职场时原本价值观很正，但止步不前的"结果"让她毛躁起来。人们错误的认知一般都是这样，如果没有阶段性成果，会急着否定过程，觉得转变"思路"就可以"及时止损"。

年轻的时候，我也曾有这样的想法，但回过头来看，这何尝不是在给自己的懒惰、胆怯和不自信寻找借口呢？年轻的我们总是太过天真，以为投机取巧获得的成果就是自己真正的价值，却不知由此而带来的信誉危机、能力停滞等都对个人危害极大，人会越发急功近利，缺乏长远眼光。

每个人一旦走上社会，就好比赛场上的选手，开弓没有回头箭，对待任何事情，如果不抱着正向积极的态度，不认真去经历过程，扎实地做好过程中的每一件事，那么必将落在别人后面。而如果你用心去对待，即使一时没有获得认可，但老天不会辜负有心人，时间会给你答案，只要肯努力，未来定会得到想要的奖赏。

自我认同

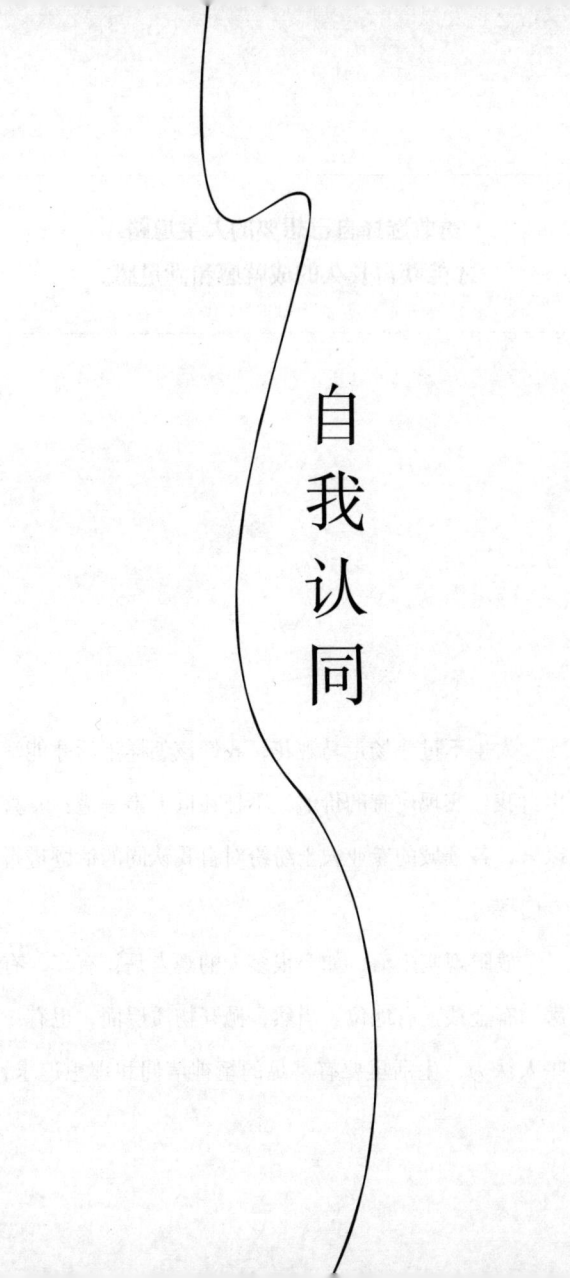

**勇敢选择自己想要的人生道路，
才能获得长久的成就感和满足感。**

人生不过一场走马观花，我们该怎样生活才能活出自我，实现应有的价值，不枉在世上走一遭？一直以来，各领域的专业人士纷纷对自我认同的话题进行专门探讨。

放眼现实生活，如今很多人的观点是：有车、有房、有金钱、有地位。当然，抛开物质层面，也有一些人认为，生活里要有富足的精神信仰和理想追求，否则这一生该是多么乏味无趣啊!

我就此话题对身边的亲朋好友展开了一次问卷调查。结果惊讶地发现,有80%以上的受访者认为,金钱是自我价值实现的最直接体现,基本可以实现对自我的认同。追问原因,答案惊人的一致:没有金钱,任何梦想和精神追求都是一纸空谈。

我承认这个答案很现实,也有一定的客观道理。但不禁感慨,物欲繁盛,自我认同的标准受困其中,全世界又有多少人能拥有足够的金钱和物质保障呢?若以此为标准,对一般人来说,自我认同很难实现,而由此又衍生出另一个现实的话题——赚多少钱才算满足别人眼中期望的"生活价值"和自己认同的"自我价值"呢?

人类属于群居性和社交性动物,从出生、牙牙学语、走路,到上学、就业、结婚、生育、养老,我们这一生都在不停地与他人打交道。满足家人的期望、得到亲朋好友的信赖、被国家和社会所需要,可以说这是大部分人的现实生活目标。回想下,是不是每当取得这些成绩时,我们都会特别有满足感和成就感?

那一刻，我们对生命满意极了。

倘若按照这个逻辑，金钱和物质与自我认同的关系好像并没那么紧密、直接。

大学同学小A是一个货真价实的"富二代"。在我们眼里，他就是电视剧里经常看到的那种口含"金汤匙"出生的阔家少爷。大学四年，小A出入都有私家车接送；出席各类社交活动，总是穿戴昂贵的名牌；学校社团举办的慈善捐赠活动，他的名字总是居于捐赠金额榜首。偏偏这样的人，学习成绩还超好。这简直就是人生赢家，天选之子。

然而，就是这样看似阳光开朗、积极上进、无忧无虑的小A，在毕业前夕和我们几个好友聚餐时，突然抱着啤酒瓶，毫无征兆地当着大家的面痛哭起来。

这一幕把我们吓了一跳，大伙儿面面相觑，一度以为他是喝醉了或者失恋了。小A却哽咽道，自己从来没有像今天这样清醒过，从小到大，一直生活在父母"望子成龙"的期望里，连本科专业也顺从了父母的意愿，放弃文学而选择了金融。

父母自诩是有"社会地位"的知名企业家，即便是穿衣服这种小事，小 A 也无法自主。父母要求他不能随意穿喜欢的宽松休闲装，出入场所和消费一定要保持"高水准"。在师长面前要维护父母的面子，时刻保持"优质生"形象，无论参加考试还是社交活动，必须成为人群中熠熠生辉的佼佼者。久而久之，小 A 内心变得非常敏感焦虑，还经常莫名地恐惧。他非常不喜欢这样的自己，经常压抑得喘不过气来，对以后的生活也很迷茫。

原来别人眼中的评价，与本人的自我评价和诉求，竟然天壤之别。于是，大家鼓励小 A 做自己，勇敢向父母说出自己的心声，不必过度在意他人的眼光。

自那一次倾诉之后，小 A 仿佛变了一个人。没人知道他具体经历了怎样的挣扎，但很明显，他终于遵从了内心的真实声音，并毅然付诸行动。本科毕业后，他继续深造，申报了文学类的研究生，追寻创作梦想。三年后，小 A 在全国各大文学报纸、杂志专栏和网络平台上陆续发表了原创作品，还出版了一本畅销书，成为文坛新秀。

某次在网上刷到关于他新书的采访，小A身穿T恤、牛仔裤，说话时眼睛里有光，隔着屏幕都能感受到那份从容、笃定和创造力。

与小A的人生轨迹不同，我毕业之后进入一家国企工作，后来晋升为中高层管理人员。每当面试新员工的时候，我总能想起小A，于是便不忘鼓励这些刚走出校园的年轻人，无论生活还是工作，要敢于正视和认同自己的需求，才华和价值才能真正发挥出来。

诚然，父母赋予我们生命，给我们提供足够的生活保障，但每个人的精神世界和内心追求终究是独立的。人的自我价值，需要由自己去发掘、创造和实现。无论家人和外人如何看你，甚至批评你和打压你，这些都不重要，重要的是学会如何正确判断、认识自己并接纳自己，勇敢选择自己想要的人生道路，才能实现真正的自我认同，获得长久的成就感和满足感。

当我们与世俗框架的禁锢发生冲突时，勇于挑战才能获得更大的进步，真正理解"活出自我价值"的内涵和生命真谛。人性的那些弱点，诸如攀比心理、自卑心理、自私自利,甚至自暴自弃等都会自行消弭。

爱迪生一生中专利发明有一千多项,但他童年时,却被老师误判为"笨小孩",母亲并没有因此而放弃他,爱迪生也始终保持乐观,终其一生真实地面对自己,按照自己的意愿,热衷钻研各种在外人眼里看起来"稀奇古怪"的事情。正是这种对自己的肯定和认同支撑着他不断前行,他坚信自己具备发明创造的能力,最终成为一名伟大的发明家和企业家。

每个人的家庭背景和成长经历都不同,漫步人生的旅途中,我们会面临各种挑战,经历各种考验和人生选择。如果被金钱物质束缚,如果过度在意他人的期待,在意别人眼中对自己的评价,自然会迷惘、彷徨、忧伤,滋生攀比心理,无法形成稳定的自我,无法保持内心的坚定和自信。与其如此,倒不如放手一搏,听从内心的声音,做真实的自己,去实现自我价值,这样的生活态度,才是真正意义上的自我认同。

拒绝表演

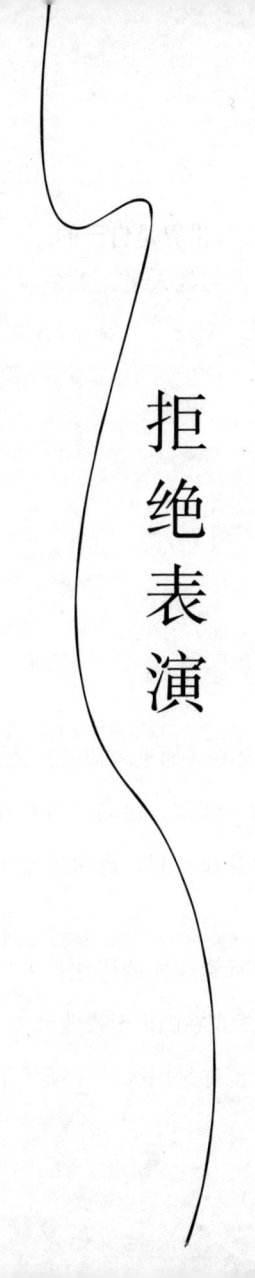

世界是自己的，
与他人毫无关系。

作家张德芬在《遇见未知的自己》中提倡，作家应走出自我精神禁锢，走向大自然环境，将心灵与自然、生活融合在一起，找回生命中那个最真实的自我。

我们常常听到这样的说法：人生如戏，戏如人生。也许是因为现在国内影视业红火，各种剧集充盈人们的眼球；也许是因为社会赋予了一个人多重角色,在父母面前是儿子、女儿,单位里是员工,小家庭里是丈夫和父亲、妻子和母亲,渐渐地,有些人似乎很容易混淆真实生活与虚构的剧情,于是具有表演型人格的人越来越多。他们或情绪多变,常以自我为中心,或寻求关注,表现夸张戏剧化,把生活也当成了一种表演。

生活不是戏剧,我们无须对那些无关紧要的观众有所交代,也不必经营非必要的人际关系。普通人的生活中并没有太多掌声,我们不是演员,更不是名人,也不会有那么多观众参与我们的人生。作为一名普通人,圈子干净简单,家庭、工作平淡幸福,对生活保有热情,足矣。

有一句话说得极对,除了父母、爱人和知己,身边真正希望你过得好的没有几个人。这倒未必是因为心存恶念,只是没有那么多人有时间有精力真正关心你罢了。所以,大多数评价都未必走心,即使走心,每个人的三观不同、立场不同,评价迥异也就不足为奇。结论是,大多数评价都没有理会的必要。

人生苦短,我们无须被任何人、任何事所限制、定义，更不必为了讨好他人而难为自己去演剧本、立人设。除非，我们真的想改变，追寻更好的自己，才值得大动干戈。如果还不够强大，可以暂时把自己藏起来，去无人问津的地方历练，然后在万众瞩目的地方出现。

还有一种热衷表演的原因是，希望成为受瞩目的焦点，这种人俗称"戏精"。戏精在人群中往往最吸睛，但也是最缺爱和最不自信的一伙人。长此以往，他们会分不清现实与表演，狂热于幻想，言行与事实相差甚远。《乱世佳人》中的女主角斯佳丽就是这种人。她极度渴望成为焦点，并一直如此行事，以至于很多年都看不清暗恋对象阿希礼对自己的感情，直到对方结婚多年，仍然执迷不悟，而且一直也不清楚自己的真实情感。

相反，在社交生活中，不乏一些看起来"特立独行"的人，他们为人处世低调，沉默寡言，却往往能够把握好分寸，不热衷无用的社交，在生活当中，更乐于享受一个人的生活，怡然自得。

当拥有了这种勇气和气质，人生会变得非常清晰和简单，内心始终走在专注自己的道路上，冗余信息会越来越少，人生机遇越来越多，前景也越发开阔。

杨绛先生在《百年感言》一书中写道："我们曾如此期盼外界的认可，到最后才知道，世界是自己的，与他人毫无关系。"灵魂的摆渡人终究是自己，要向内寻求人格独立与精神丰盈，而不是通过表演的方式向外寻求认同感。

所以，去做你想做的一切，过你想要的人生，为所爱的人付出一切。生命本就短暂，不要停留在不属于你的观众的眼光里，无须为别人演绎你不擅长的人生。态度决定一切，你的生命主导权始终掌握在自己手里！

情绪调控

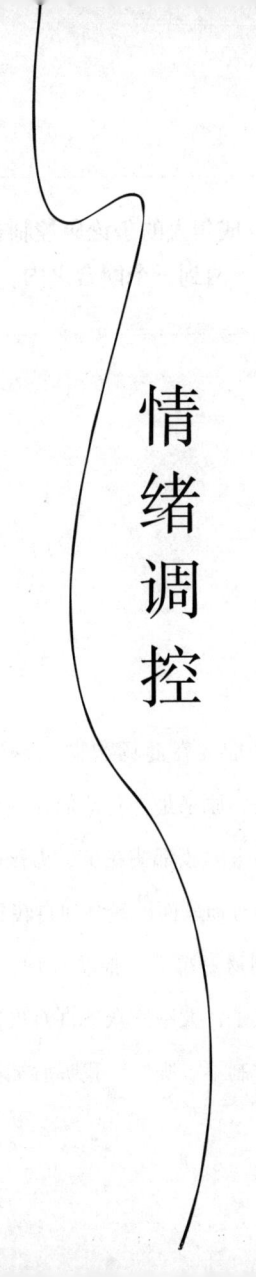

成年人的争论应控制在
两到三个回合之内。

有天我和朋友在商场购物,突然被一阵哭声吸引。循声望去,原来是一对情侣在闹分手。女孩紧紧抓着男孩,脸上的妆都哭花了,男孩破口大骂,情绪暴躁,说这样有损颜面,最终独自转身走了。

朋友看到这一幕后,摇着头说:"太不懂事了!已经是成年人了,大庭广众下真有失体面,怎么连基本的情绪都控制不了呢?"我听后笑笑,由于不知事情原委,也不好发表意见。不过朋友最后那句话,我倒是非常认同。

古人说,水深则流缓,语迟则人贵。在古代,读书人和圣贤者无不认为,君子当寡言持戒,学会自观自察,做到"吾日三省吾身"。然而当今这个时代,大多数人在面对生活的时候,往往会因为各种大事小情,各持己见发生争执,难以控制情绪,导致原本可以解决的问题和矛盾愈演愈烈。

一般来说,成年人的争论,应控制在两到三个回合之内。如果这时辩驳对解决事情还是没有帮助,争论就该立刻叫停,因为事情已经基本说不明白了,再说下去,就只剩下消耗,先缓一缓才是明智之举。

生活不易,成年人身兼数个角色,职场中、生活里,场景不同,冲突的处理方式也不尽相同,但有一个公理,就是必须先解决情绪,再处理事情。情绪如果到了难以自控的程度,事情便没有解决的希望。

情绪调控关联着一个人的情商和逻辑思维自控能力,关乎着成年人的生活与命运,它是一个需要终身学习的课题。小时候我们总是盼望长大，觉得长大后就独立了，可以像爸爸妈妈一样赚钱，追求自己喜欢的生活方式，但等真正长大之后才发现，原来做大人比做孩子难得多。

对情绪的调控力，与年龄无关，与社会地位和学历也无关，而与自己的价值观和对当下的情绪感知及人际处理能力有关。在很大程度上，情绪调控力决定了一个人对自我情绪的感知和处理能力，以及对他人情绪和情感的应对能力。

试想一下，假如一名刚参加工作的大学生，对未来的职场生活充满激情，实习的第一天到公司报到，恰好这时候领导心情欠佳，不但没有给他安排工作，还莫名其妙地将邪火撒在他头上。这时，他应该怎样面对？

我分别询问了一些年轻人和中年人。大多数年轻人几乎是不假思索地回答："当然是骂回去！"而被采访的中年人，基本上每个人的答案都是，要成熟面对，因为事缓则圆，需要先控制和处理彼此的情绪。

没错，当一个人骂你时，你骂回去，固然解了气,也彰显了个性,但结果是什么呢?职场新人可能失去来之不易的实习机会,失去转正后的高薪报酬。最好的解决办法是忍下一时之气,调整情绪积极面对,找出沟通方案平息领导的怒火。这其实是一种以退为进的策略。

言多必失,祸从口出。曾国藩年轻时热衷喝酒交友,但进入官场之后,他意识到官场人事的复杂和利害,开始经常自我反省。他每日用"戒言、自律、修身"来要求自己,最终因内敛稳重的性格以及渊博的才学知识,受到皇帝和同僚们的敬重。

学会调控情绪,是成年人的基本素养和社交必备技能。学会处理情绪不一定能帮助你收获更多的朋友,但一定能够让你收获一个更好的自己。人在情绪方面不断成长之后,因有足够的阅历和社交经验,心智会日臻成熟,即使面对突如其来让人意外的情况,仍能积极应对和处理。

情绪调控的确不容易做到,这需要我们在与他人相处的过程中,在与他人的价值观、思想和行为等方面发生碰撞后,仍然保持从容、冷静、客观,也要求我们尊重他人,学会换位思考,掌握处理矛盾的沟通技能。情绪管理的本质就是,学会克制和谦虚,学会释然,不为外物干扰,不逞一时的口舌之快,这才是一名成年人的成熟体现。

共生关系

独处是片难得的净土。

共生关系,原本是生物学上的概念,指两种不同生物密切接触所形成的互利关系。以犀牛鸟和犀牛为例,犀牛鸟经常栖息在犀牛的背上,以其身上的寄生虫,如虱子、蜱虫等为食。同时,犀牛的庞大体形为犀牛鸟提供了安全的庇护所,使其免受地面捕食者的威胁。

在心理学上,共生关系是指一种特殊的心理依赖，不限于伴侣和家人之间，也不限于亲密的朋友、伙伴间，更不受时间和年龄的约束。通常表现为两个人或者多个人过度亲密，行为和情感相互影响，难以独立。这种关系可以发生在任何人身上，甚至包括萍水相逢的陌生人、多年不联系的老同学等。

有一本书叫《他人的力量》，里面有一篇关于"如何寻求受益一生的人际关系"的文章，它提到，稳定的关系由你的自我意识表现所决定。要获得稳定的人际关系，或者需要用你的力量去感召身边的人，或者你被别人的力量所感召。书中对于高质量的人际关系有很多独到的见解，比如，人应如何与孤独相处，如何破除虚假的社交关系，如何建立自己的内在价值，等等。

共生关系，在人际交往中是一种低质量关系。共生的一方或双方都可能因此而失去自我。比如青春期的一些女同学，一起吃饭，一起温书，一起参加各种活动，两个人或多个人亲密得如同一个人，任何思想或者行动都要保持一致性，但凡有违这个潜规则，比如哪天吃饭没像往常一样坐在一处，都可能会引发心理的强烈不适。这种情况有时在初中生中较为明显。

相对高质量关系而言,共生关系通常多以负面的情绪以及阻碍成长和发展的方式呈现。相反,高质量的关系多以愉悦、积极、正面的方式呈现。高质量关系并不是特指拥有丰富的人脉或社交关系,而是与相同兴趣、爱好、价值观的人,建立起"同频"的情感联结和学习思维,但彼此保持界限感,各自拥有明显的独立性,彼此不干扰对方自主做出决策,不会试图强迫对方接受自己的意见或行为方式。个体如果与同频的人建立起高质量的关系,例如,学习对方的优点、知识、经验,那么双方的心灵和思想都将能够获得更多滋养,从而收获更大。

记得读研时,同宿舍的畅畅和她妈妈的关系简直堪称教科书级别。最开始,我们只是觉得她和妈妈的关系比较"洋气"和"腻歪",比如,畅畅给家里打电话或者谈起自己的妈妈时,都会称呼"妈咪"或者"我妈咪"。因为一个人在外地读书,没有亲戚朋友,畅畅每天晚上睡觉前会都给妈妈发条短消息报平安,周末会抽出时间给妈妈打电话,一般固定在周日晚上，大概聊半个小时。

因为家在本市，有时周日我回宿舍时间比较早，偶尔能听见畅畅往家打电话的只言片语。我发现她和她妈妈竟然很少谈论吃穿用度这些生活琐事，像商量要不要打疫苗、晚上在图书馆冷了如何解决这类事，两人都是一两句话直接得出结论。电话里大量的时间用于讨论最近看了什么书和电影，对新剧的评价和感想，彼此建议应季旅游去哪儿性价比最高，妈妈退休后回聘应该继续工作几年，畅畅很担心的统计学考试如何应对……

有次我好奇打趣畅畅："你跟你妈怎么有那么多话聊？她说的你都听吗？"畅畅一脸蒙地说："难道你跟你妈妈没这么多话说吗？她说她的，我觉得行的就听呗。"我又忍不住揶揄她："你让她知道那么多事，她又给了许多意见，最后你不照办，她不抓狂吗？"畅畅笑道："我妈才懒得管我怎么做呢，只是聊天说到而已，大家随机讨论下。"

我觉得这个逻辑没问题，但又觉得似乎哪儿不对劲儿。两代人不应该是观念相抵冲突很大吗？为了避免不必要的麻烦，长大后"孝顺"的我们，面对父母的盘问,不都是敷衍或者报喜不报忧吗?如此看来,畅畅和她妈妈的关系还真与很多家庭有些不一样。

毕业时,畅畅父母特别希望她回老家工作,老两口当初快四十岁才有了她,自然希望与唯一的女儿厮守,共度天伦。可除了出国,有哪个好不容易考到北京院校的毕业生不想就业留京呢?

畅畅最后入职到北京的一家央企,工资不高,但能解决户口,行业资源丰富。毕业后的几年里,我们时常小聚,她还是一个人在北京,父母仍在老家继续工作,平日里微信留言报平安,周末视频煲粥,长假时老两口会大包小包进京,给她送"战略物资"。过年她回老家,但母亲总想出国旅游,于是她们一般过完三十和年初一出发。

前两年,去外地出差,合作方的一个本科刚毕业的女孩给我留下很深刻的印象。在之前的线上沟通中,就觉得她工作态度非常积极,也敢于表达自己的不同意见,还有点儿疾恶如仇,看不得项目组里有人受欺负,有人中饱私囊。见到她本人后,发现她快人快语,务实高效。再后来无意间发现她的微信签名是

"我是爱你的,你是自由的",我忽然想到了同学畅畅,不禁莞尔一笑。

低质量的人际关系,看似轰轰烈烈,实际限制了个体的自由和独立性,会破坏人际关系中的平衡。

另一家合作方负责对接的小夏,我和她私交不错,基本上是看着她从毕业到结婚生子,然而她这些年的经历不免让人唏嘘。刚参加工作时,她可以说是集万千宠爱于一身,男友无微不至。更让人羡慕的是,男友顺利升任老公,结婚好几年后,两人之间的温度似乎有增无减。她老公在所有人眼中堪称典范:疼老婆、能赚钱、幽默风趣,与周围所有人都关系融洽。

就是这么个完美家庭,在孩子五岁时,她老公居然闹起了离婚。其实并没有什么惊天动地的事情发生,可她老公就是觉得过不下去了。那段时间,小夏整日以泪洗面,最终仍未挽留住这段婚姻。

几年后,一次偶然的聊天,小夏居然主动提起了自己的上一段婚姻。原来,心情平复下来后,她看了很多心理学方面的书,反思婚姻中存在的问题。她对我说,外人觉得前夫很爱我,似乎他做丈夫也非常尽责,可是自己在婚姻中并不愉快。这些不愉快背后的原因是彼此的操纵和束缚。

两个人一直如连体婴,同进同出。他们意见不同时很少吵架,但一次次表面上的妥协,内心实际非常勉强和不情愿。自己心直口快,不满意会直接喊出来,或者迅速借题发挥,冲突容易翻篇儿;但前夫说话做事比较婉转,很多时候他内心的别扭程度也许是不可想象的。当有矛盾时,即使口头上顺从小夏,前夫暗地里还会想尽办法实现自己的初衷,逼小夏就范。就连过年回家在谁家待几天这种事,前夫可以不惜搬出几个"救兵"同学,小夏见状自然不甘示弱,必须"斗争"几个回合,意见大体统一后,一路上仍会叽叽歪歪,在谁家待多久,甚至以几个小时为单位继续讨价还价。

于是日子里类似的琐碎慢慢积少成多,积怨越来越深。后来万事做决策时,小夏也懒得争,会给前夫特意留出"放水"空间,即先提高要求,等待"砍价",而前夫则觉得小夏越来越难以理喻,两个人简直就是三观相差十万八千里。

我当时有些吃惊。当初觉得他们离婚，应该是家庭、教育背景和工作环境相差悬殊，谁知操纵和控制的"威力"竟如此之大。难怪都说婚姻里彼此尊重最重要，此情此景里的尊重，就是在这些看似无关痛痒的小事上——我想这么做，我不想那么做，这不需要你的批准，也不需要我自证清白，一切只是因为我的意愿而已。

低质量的热闹，不如高质量的独处。人们对于虚假的关系之所以热忱，很多时候是期望营造出一种让别人看起来自己生活得很好、身边有人追捧和关注的假象。而对于要求有高质量关系的人来说，陪伴有陪伴的好，独处有独处的美，独处是片难得的净土，不必要的社交关系能免则免。

一段好的关系，彼此滋养，共同进步。在建立关系的过程中，任何一段高质量关系，都需要我们学会思考、判断和经营。而在此之前，大多数时间里，我们需要先学会独处，了解自己的需求，厘清自己的生活观、价值观、择友观，而不是随波逐流，随意地攀附关系。

记得我曾经有一名女下属，每天来上班时总是打扮得精致漂亮，手上拎的包不是路易威登就是香奈儿。我不解，问她何必用一个月几千的薪水购买奢侈品呢？她不以为然地说："身边的朋友都是'富二代'，不能让别人看了笑话。"

之后有一年，这名女同事的家人生病住院，急需两万块手术费，当时一众有钱的朋友却没人肯站出来，还是我和几位同事拼凑了治疗费用，替她应了一时之急。这件事之后，她开始重新审视自己的"人际关系"，将手头的奢侈品以二手价卖掉，重新规划人生。很快她就遇到了现在的老公，对方性格稳重、温和、体贴，将自己擅长的投资理财知识教会女孩，两人成立了一家公司，很快将公司折腾出了名气。

高质量的关系可遇不可求。随缘惜缘不攀缘，你可以对一个不属于自己的圈子有憧憬，对别人的生活有羡慕的心理，但不能陷入攀附的"思维怪圈"。高质量关系，一定能滋养彼此的心灵，有利于彼此的情感和精神联结，但我仍然是我，你仍然是你，我无权干涉你的世界，你也无权干涉我的世界。

时间复利

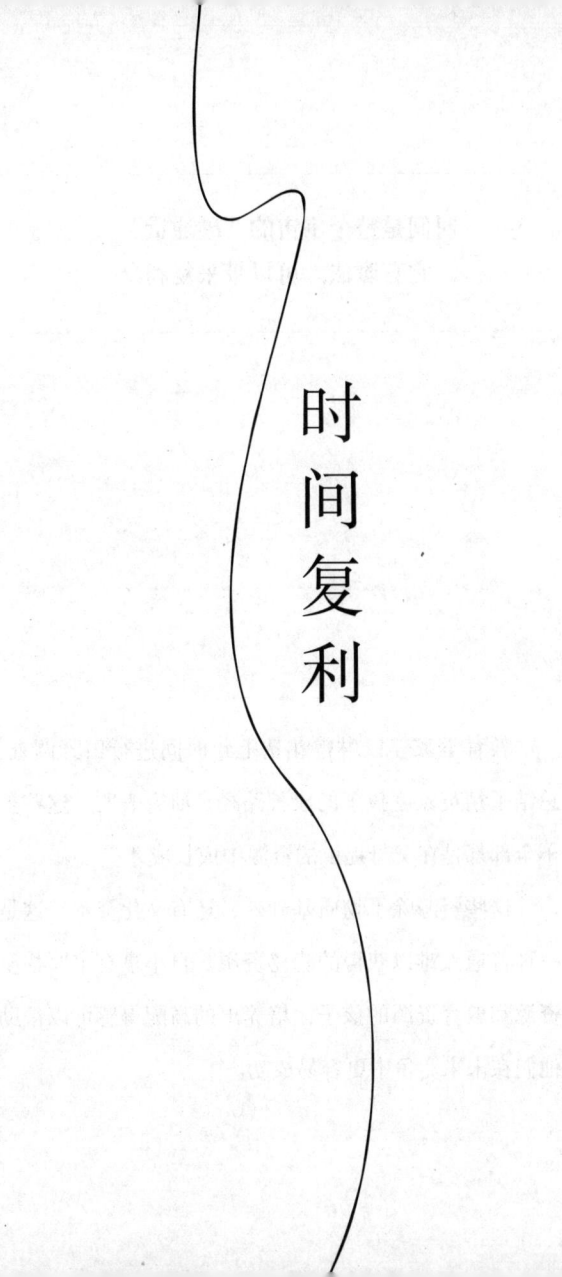

时间是整个宇宙的"硬通货"。
它有魔法,可以带来复利。

　　教育学家姜以琳曾花费七年时间进行田野调查,总结了精英家庭孩子的成长路径。研究表明,这些孩子全部都是在父母提供的资源中成长成才。

　　这些资源除了物质基础外,还有文化资本,这是一种普通人难以获得的隐秘资源。自小享有丰厚物质资源和教育资源的孩子,培养出的高配得感可以帮助他们在未来竞争中更容易成功。

在一个社会中，精英注定是金字塔顶端那一小撮人，阶层复制现象广泛存在。也就是说，精英家庭的孩子，学习成绩对于他们来说并不是最重要的，他们日后的财富、地位，主要依靠的是世袭和传承。

精英的成功带给我们的不应该是一种仇富式的情绪发泄，而应是一种更加深刻的思考：普通人如何突围？

爱好，是重要的切入点。

人与人的聪明程度其实相差并不大，造成普通人之间的差距，除了机遇外，真正能控制在自己手中的，其实就是决心和持之以恒。我们只有在真正热爱的方向上才更容易下定决心，然后坚持下去，秉持长期主义信条，实现有所积累。所以，在自己擅长的领域持续投入热情，最后获得成果的可能性，远比进入一个热门赛道去"卷"的收获大得多。

很多时候，我们受到的"精英"教育是让我们做一个精致的利己主义者，一件事若没有清晰可见的经济价值，就不值得去投入。人与人之间的交往，如果不是有利益的博弈，就需要有一种清晰可见的互惠互利关系。

一入职就想着创业当老板,见了客户就想拉拢人脉创业,一下基层就想着被破格提拔,还没有脚踏实地就想着要一本万利。这种功利思维无孔不入。

这看似极度注重时间成本,其实是一种典型的混淆目的和路径的做法。要实现真正的成功,我们首先要热爱一件事,做好"基本规定动作"之后,才有可能在这个赛道继续前行,超越别人。

记得有个朋友说过,行业顶端的那些人,都以兴趣主导人生,从整个一生的角度来规划自己的发展。这个时代的个人成功,应该是从头到尾完整的努力所形成的完整体系,需要持续为所做的事情投入热情、时间和精力。

很多人知道要自律,可是无法长时间坚持,鞭策失效的原因是他们对所做之事内心并不真正认同或者热爱,仅仅是理智驱动。

理智驱动很容易夭折,真正的热爱是不计代价的,敢于承担一时的失败,接受一次次努力也没进展的结果。只有这样,才能把刻意的努力变成根植于内心深处的日常，不会觉得是负担，这样时间才会渐渐施展出"魔法"。也只有在这样的心态里，做好一件事的概率，才会胜过那些只把工作当工作的做法。

为了赚钱而赚钱，为了做一件事而做一件事，很有可能赚不到钱，即使幸运地赚到了钱，也不能收获成长。成长，在生命的长河里，远比一时的经济收益重要得多。

有人说，其实中国的家长最应该告诉孩子的不是让他们赢，而是让他们理解自己学的东西，进而对所学产生热爱。从心底热爱一件事情，内耗会比其他人小得多。所以，我们每个人首先应该培养的是热情。

曾经有人想请李安鼓励一下现在那些喜欢电影、准备从事导演职业的年轻人。没想到一向温和的李安严肃地指出，如果一个人真的深爱这份事业，他不会需要别人的鼓励才能把梦想坚持下去。如果没有这种热爱，那这个人还是趁早改行，因为他如果需要鼓励才能前行，那就无法成为一名好导演。

那种渴望一步抵达成功的人，它们爱的只是功成名就的结果。他们是把对这个结果的渴求当成了自己对事情本身的兴趣。

刚入职场时，公司空降了一个高层做我的直属老板。他没有专业背景，但对我手里的几个公司看好的项目表现出极大的热情和支持，为提高效率，流程上屡开"绿灯"，甚至引起了其他同事的不满。我因此倍受鼓舞，昼夜加班，可是因为人手、资源不配套，进展较为缓慢。一段时间后，我发现老板对之前最看好的一个项目似乎没有那么大的热情了，支持也明显减少，所以极尽解释并更加努力，希望让他重拾信心，生怕辜负了他的期望或者给他本人带来麻烦，毕竟，当初他把这个项目放在了部门五年规划的核心位置上。

后来，老板好像总在忙其他事，不但支持基本没有了，沟通也少了，由原来每日沟通，渐渐变成三五天才聊一次项目，直至后来十天半月说不上一句话。

初入职场的我完全没有把这些放在心上，一如既往、按部就班地做着项目里的事，项目逐渐有了起色。转眼下批投入在即，却突然传来老板被调走的消息。错愕之余，有同事告诉我，我老板这次的调动对之后升任副总裁极有帮助，他已经为此筹措半年有余，几乎所有精力都花在了这上面，早都不关注长线项目了。

还好，两年后，项目在我与同事的坚持下越做越顺，社会效益和经济效益都超出了预期，我也大大舒了口气，成就感十足，伴随而来的还有小幅度升职加薪。令我没想到的是，前老板居然发来了祝贺短信。

时间是一个很神奇的存在，它在词典中虽然只是个表示变化性和持续性的抽象概念，但却是整个宇宙的"硬通货"。它有魔法，可以带来复利。

其实，渴望省略掉成功的过程和付出热情的成本，希望用1%换取100%，想把10年完成的事情用10个月完成的人，不会对一件事产生真正的热爱，更不会认为过程是快乐，自然不会真有做这件事的动力。

所有的半途而废，其实源自不够热爱，源自不能站在更高远的格局去看待。有一句话叫"不疯魔，不成活"，很多事情，只有爱到疯狂的人才能做成。不计代价、不问前程地投入和付出，时间复利才可能最大程度地成就一个人。也许，在这个时代，最好的领跑者，都曾经体悟过这种"疯魔"追梦的快乐，而赚钱往往只是他们在投己所好时产生的副产品。

戒掉依赖

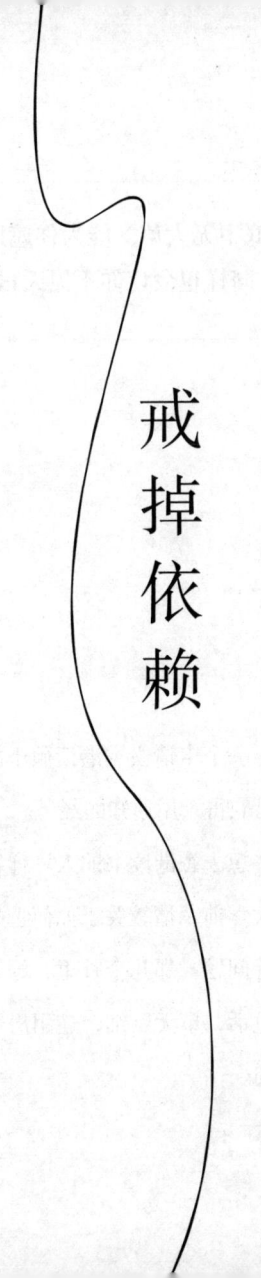

大树底下无大草，能为你遮风挡雨，同样也会让你不见天日。

多年前，一个申请去香港读硕士的网友在论坛上写了一段自己获得录用通知的经历。

她和很多想去香港读书的人一样，向论坛里一个热心的香港大学前辈请教关于如何选择专业、如何找人写推荐信等问题。那几个月里，她几乎有问题就给这位前辈打电话，事无巨细，连租房子要带哪些东西都向对方咨询。

一次,她又打电话过去,电话通了却没有人接,隔了 10 分钟后又打了好几次,对方还是没有接。她有些失落地挂了电话。几天后,她发现那个前辈在论坛上发了个帖子说,我建议有些人还是别去香港读书了,我觉得你到了香港之后根本活不下去。

看标题就让她有些心悸,打开帖子浏览时,她顿时明白了前辈影射的那个人就是自己。

好在对方并没有仅限于吐槽,而是详细阐述了哪些问题是应该认真考虑同时要避免的雷区,哪些问题是需要自己动脑去分析的。

那个帖子让她脸红。那一瞬间她明白了,人应该靠自己的主观能动性来解决问题,不能所有的答案都指望着别人来指导。其实前辈说得对,她当下面临的问题,很多想要去香港念书的人都遇到过,如果她能搜一搜以前的帖子,或是总结以前别人面临过的困境,就不会被那位前辈嘲讽了。帖子里的回复中有很多有效的应对方法,包括乘车线路、租房注意事项、适合学生逛街购物吃饭的地方等。

她内心深处一直觉得直接问前辈会更省事,久而久之竟然将这种习惯当成了理所应当的依赖，完全忘记这些原本是她自己的事，应该自己想办法解决。

主动想办法解决问题，而不是被动等待，其实在很小的时候我们就接受过这类教育。

上中学时，一位科任老师曾经反复强调，向她提问时，一定要带着自己的想法，不成熟没关系，但一定要先有自己的思考，而不是不动脑筋地只管张嘴发问。最初，我们觉得这个老师的"沟通界面"着实让人发怵，可每次只要硬着头皮按她要求的方式去问，收获都特别大。

记得一个自学编程和算法的朋友曾说，在没有学算法前，她对自己极不自信。但是她有自主解决问题的意识，会主动尝试，事前积极做功课，遇到问题就想办法，实在解决不了才去请教老师和同学。这样循序渐进，她在大二时能力就超过了很多大四的同学。

学会在实践中学习，是我们进入社会之后最重要的能力。工作之中的老板也好，合作的甲方也好，已经默认了优胜劣汰，只会把优势资源集中给那些愿意主动反思、能自主解决问题的人。

我想,这世界上很多事的道理都大同小异。一个人勇敢,不在于什么都敢做,而在于他对那种有难度的事情,有一种敢于尝试的姿态。主动改变和被动改变,在任何一个领域,都会成为人与人之间工作成果、个人成长拉开差距的原因之一。

你会发现,与那种依靠自己解决问题、尽量不去麻烦他人的人交流,感觉特别轻松。他们接受信息的方式不是被动承受式的,而是举一反三式的。

日常生活中所说的聪明人,其实很多就是指这类人。

曾经合作过的一个采购经理告诉我,他有时候真的不太愿意跟上游那些刚毕业的大学生打交道,因为他们身上常常会有一种依靠别人的惯性。原本应该由他们自己负责的工作,他们却持着某种盲目的等待心理,等着别人一步一步来教才去做,完全没有那种靠自己摸索学习、找方法把问题解决掉的主动性。所以,与他们合作的成本相当高。

我觉得他说的不单只是刚毕业的学生的问题,很多工作多年的人也有这种思维——遇事永远等待着别人的指示，做着类似于复制粘贴的工作，从来没有一点儿解决问题的主观能动性。对于这些人而言，资格再老也不能说明他们就比刚毕业的大学生专业，充其量只是个熟练工而已。

一个懂合作、会合作的人，不应该给别人制造问题、增加难度，而应该尽可能地减少别人工作环节上的麻烦。所以，判断一个人是否厉害，不能仅把身份、年龄或者资历当成标准，而是要看他有没有独立思考和独立解决问题的能力。

当然，这并不是说那些厉害的人就不需要别人的帮助了。在这个高速发展的时代，合作永远是人与人之间的主旋律。只是，那些厉害的人同别人协作的时候是具备主动意识的。他们有着清醒的认知能力，对于自己要解决怎样的问题、应该怎么做，都有完整的思路和一套清晰的方法。他们只在自己确实需要别人帮助的时候才会求助，而不是从一开始就依赖别人，将问题的决策权交到别人手里。

莫言曾经说过："依赖任何人都是在自杀，你一定要明白，大树底下无大草，能为你遮风挡雨，同样也会让你不见天日。"无疑,依赖心理和行为势必损伤我们独立思考和行动的能力,也会影响社交关系。

只有彻底摒弃对他人的依赖,真正从精神上独立起来的那一部分人,才能成为自己生活和工作的主人,才能吸引更多互相扶持的同行者。真正的从容和淡定,不应该向外寻求,因为它永远只存在于我们的内心。

自我和解

不能做自己的朋友，即便在俗世间的朋友再多，仍会是一个随波逐流的糊涂人，一个身不由己的可怜人。

《欲望都市》中有一句台词我很喜欢：所有关系中最激动人心、最具挑战性、最意义重大的就是你和你自己的关系。

我们总是不由自主地对外界过度关注。事实上，别人怎样对待我们，我们从来都无法控制。这个世界上，我们唯一可以决定的关系，就是我们和自己的关系。拥抱关系，但是不缠绵于此，靠的是稳定的内核。

朋友小茹去年谈了一场轰轰烈烈的恋爱。热恋期，她每天都幸福感爆棚，在微信上谈论的话题全都和她男朋友有关。她说，自己从来都没有经历过这么浪漫的感情，对方条件优秀，而且一上来就对她进行甜蜜轰炸，情绪价值直接拉满，为她做的每件事都充分满足了一般女性对爱情的浪漫想象，对她说的每一句话都是肯定与夸奖。

然而，小茹的恋爱甜蜜期并没有维系太久，在对方跟她幸福了几个月之后，突然开始冷淡起来。强烈的心理落差让小茹对男友产生了极大的不满，在他又一次爽约之后，小茹跟他争吵了几句，对方就以小茹的性格不好为由开始批评她。这次批评之后，两人冷战了一段时间，最终以小茹的妥协结束。但是这次过后，对方开始对小茹表现得不耐烦，之后的相处中，更加频繁地批评小茹，从她性格不好扯到"事业无成""拿不出手"等方方面面，在男友的打压下，小茹对自己产生了严重的不自信，有几次甚至情绪崩溃到大哭。

她对我说:"你无法想象,一开始被这样一个优秀的男人赞美时,会获得多少自信,所以后面被他批评打压的时候,那种落差让人十分痛苦。"

小茹现在有这种感受再正常不过。她把自己安放在了别人的评价系统里,没有建立自己稳定的价值体系,才会如此痛苦。

小茹的痛苦经历并不是在一两个小时内向我倾诉完毕的,而是整整"折磨"了我两个星期,每天以泪洗面煲电话粥。看在发小的情谊上,我只好"舍命陪君子",听她悉数每个细节。

人与人之间的关系,不但讲究缘分,也面临空间和距离条件的约束。在这个忙碌的时代,即便是最好的朋友,也有自己的事情和家务要兼顾,谁都不可能总是陪伴左右。一生如此漫长,哪怕家人朋友近在咫尺,甚至你的伴侣和孩子,谁都不可能时刻陪伴你直至生命尽头。

自我和解,是成年之后最重要的课题。我们要不断深入探索自己的内心世界,清晰地认识自己,拒绝别人的"洗脑",进而理解自己的情感、需求和动机,放下苛责和评判,以宽容和慈悲之心来善待自己,做自己最好的朋友。这样,即使在感觉孤单、面临挫折的时候,在情绪低落、只有自己的时候也能自处。

我二十几岁的时候,为了追求理想的职业生涯,大学毕业后拿着2000元积蓄,告别了南方的家人、好友,一个人来到了人生地不熟的北方。很快,我找到工作,一个人开始了长达几年的独居生活。

至今回想起来,我仍然感谢和自己成为朋友的那段经历。可以说,它改变了我既往的生活态度和价值观。向来在家里习惯"衣来伸手,饭来张口"的我,改掉了许多陋习。初到北方的时候,人生地不熟,为了温饱和生存,不得不学着一个人买菜、做饭,学着到菜市场和商贩砍价,甚至在大雪纷飞的夜晚,下班后一个人费九牛二虎之力扛着煤气罐爬了五层楼。之所以会有如此大的转变,很显然是因为我内心清楚,无论发脾气、沮丧还是打电话给父母,实质上都是在逃避,唯有正面"硬刚"各种生活难题才是解决之道。

因为逐梦而背井离乡、生活困顿,一个人在陌生的大城市独自打拼，往往这个时候会越发想念家乡，想念远方的父母家人，想念无忧无虑的学生时代。即便如今电话通信发达，和家人朋友聊完心事之后，终究也要一个人面对生活。有了这种认识，渐渐地，我发现自己的畏难情绪明显减少。

独立自处，学会和自己做朋友，和自己"心灵沟通"，进行"自我疗愈"，是打败孤单寂寞、自我提升的唯一有效方法。深刻理解这个道理后，我思想开始成熟起来，遇到困难时不再第一时间找家人和朋友哭诉，也改变了以往铺张浪费的坏习惯。

来北方的第二个月，我拿到人生第一笔工资，将它分为三部分：一部分用于生活开销；一部分寄给家人；一部分报名英语班充实业余生活。可喜的是，一年之后因为英语专长，在公司的一次内部人事干部竞聘中，我如愿获得了职业晋升。

著名作家周国平说过一段话："人在世上不能没有朋友，在所有的朋友中，有一个朋友是最不能缺少的，就是你自己。不能做自己的朋友，即便在俗世间的朋友再多，仍会是一个随波逐流的糊涂人，一个身不由己的可怜人。"

我们在社会上生存,要获得他人的尊重,获得更有价值的人际关系,甚至获得财富和精神等方面的成功,必然要经历生活的磨炼,接受各种苦难试炼。要记得,人生没有一帆风顺这回事,一个人越是孤立无援,越要学会和自己做朋友。只有认清自己,理解自身的情感和需求,接纳自己的一切,才能够了解自己来到这个世界的目的和意义。

所以,当你身处逆境和面对困难时,要学会不依赖外力,而是凭借自己的力量,去思考和解决力所能及的难题;当你遇到委屈和想不通的时候,也要诚实地评估自己过去的行为,识别出错误与不足。一个成年人遇事若总是依赖家人朋友,无论年龄如何增长,注定都是一个思想上的"巨婴",一个行为上的"懦夫"。因而,改变惰性和陋习,学会和自己好好相处,当自己的心灵好友,是驱动我们走向幸福人生的关键。

情感对等

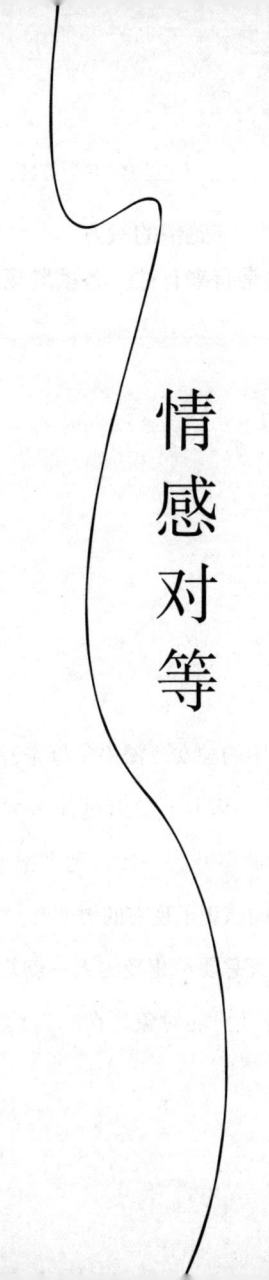

**感情的双方,
常常有来有往,各擅胜场。**

闺密是家中的独女,深得父母宠爱。她在谈恋爱之前的人生里,基本上没出过什么太大的"意外"。和所有幸福的故事开头一样,她平稳地考上了大学,并在研究生期间认识了现在的男朋友。

大约是上天总要给相爱的人一点儿考验,谈恋爱前明明是被她吸引的对象,在一起后,却对她诸多挑剔。

一开始，男朋友嫌她性格大大咧咧，只顾自己舒适而不注意生活细节；接着便是批评她生活态度不积极，沉浸在当下的舒适区域里，一点儿也没有提升自己价值的主动意识。

这样的争执几乎充斥着他们的日常生活。虽然有些批评让她觉得难过，但是每次只要男朋友在微信上说一句软话，她便马上原谅。

在朋友们看来，闺密几乎算是一个有着"恋爱依赖症"的人，甚至认为她这恋爱谈得"简直毫无自尊可言"。

就在大家以为她已经适应这种相处模式时，在又一次被男朋友劈头盖脸地训斥了一顿后，她居然一声不吭地拉黑了与男朋友之间所有的社交联系方式，像是瞬间想通了。

朋友们不敢相信她突然这么有骨气了，忍不住来求证。她说："不知道为什么，以前总想着迎合、努力达到他的要求，现在却忽然一下子失去了那种动力。"

她的经历，让我想起了一句话："没有突如其来的分手，只有不想忍耐的决心。"

有时候，我们一厢情愿地对一个人好，按他的要求努力去改正自己身上的缺点，努力想做得更完美些，可是我们会发现，不论怎么改，对方总是有可以批评的地方，这些批评和否定，会令你越来越不自信，越来越暗淡无光，越来越怀疑自己的能力，慢慢陷入一种自我否定的恶性循环。

在这样的情绪包围里，我们会越来越虚弱，越来越不敢离开一个人，因为对方制造出来的那种高高在上的姿态，会蒙蔽我们的双眼，让我们潜移默化地认为他给到的这份爱，是一种无上的恩赐。

这样的情感关系，从一开始就是不对等的。

每个谈恋爱的人，其实都渴望安全感。因此，很多人认为，在恋爱这种亲密关系里，只要证明了"我比对方强"，自己就会立于不败之地，获得一种心理上的天然优势。

在这段关系里，总在挑剔对方的那个人，他们的潜台词是"我的思维方式和生活模式，要比你的更高级"。通过对恋人的否定，他们得到了自己的安全感，但是却让别人丧失了安全感。

就像我曾经听到过的那样,一个男人在向亲人诉苦时,询问如何赢回老婆的心,他提到:"她太柔弱了,特别依赖我。虽然我经常批评她,可能骂得有些过分,但我说这些都是为了她好,事后她也承认我说得对,比她有主见。但为什么还要离开我?"

这是他在这段亲密关系里仅有的反思,足以证明在挑剔、批评伴侣这一点上,他从未反思过。试想,爱你的人即使嘴上承认你说得对,难道她的心就不会受伤了吗?

真正持久的爱,必定势均力敌。感情的双方,常常有来有往,各擅胜场。

用情至深固然是好,但也需要情感对等,这是一种平衡。

那些把伴侣当作孩子一样地去训斥,动辄便把他们教训一番的人,即使出发点是好的,可是在伴侣的自尊被伤害太多次后,他们依然会逐渐与你离心离德。

爱一个人,本身就需要一种巨大的能量。一个不停被别人否定的人，是无法给爱人提供能量的。他们所能做的，就是依赖对方，深切地黏住对方，像抓住最后的救命稻草一样抓住身边人。

不知道很多人有没有想过，在这样的循环里，哪怕恋人勉强接受了你比她强、有权对她指手画脚的事实，但这种暂时的退让和服从，还是无法令人获得情感满足和真正由爱带来的充实感，反而越发提升你对另一半不满的上限。

有很多擅长挑剔别人的人，其实他们本身并不比别人优秀，并非具备对他人指手画脚的资格。很多只局限在自己的小圈子里、没有半点儿技能的人，照样眼高于顶，愤世嫉俗、怨天怨地过了一辈子。

这样的人，大概率是因为他们本身个性并不宽厚、眼界太狭隘，因为极强的控制欲而活得不轻松、不快乐，所以才在别人身上找原因，靠折磨别人让自己从虚弱感中解脱出来。

真正优秀、有修养的人不会随便否定别人，相反，他们会抱着最大的善意来发现别人身上的优点，正因为如此，他们才能博采众家之长，不断地超越自己。也正因为这样,才会越来越有心疼和包容别人的能力,才能赢得更多的资源。

约翰·戈特曼曾经总结说:"打败爱情的,是细节。"对于那些最初相爱的伴侣来说,最后导致他们分手的原因,往往不是遭遇了什么大困难,也不是什么大是大非,而是那些痛苦的日常。日复一日,热情消耗,细节就会累积成大问题。

一个人失望多了,心也就凉了。

爱是积累来的,不爱也是。

那些先离开的人,并不是戒掉了"恋爱依赖症",只不过是触底反弹时的忍痛割爱。

爱与个体

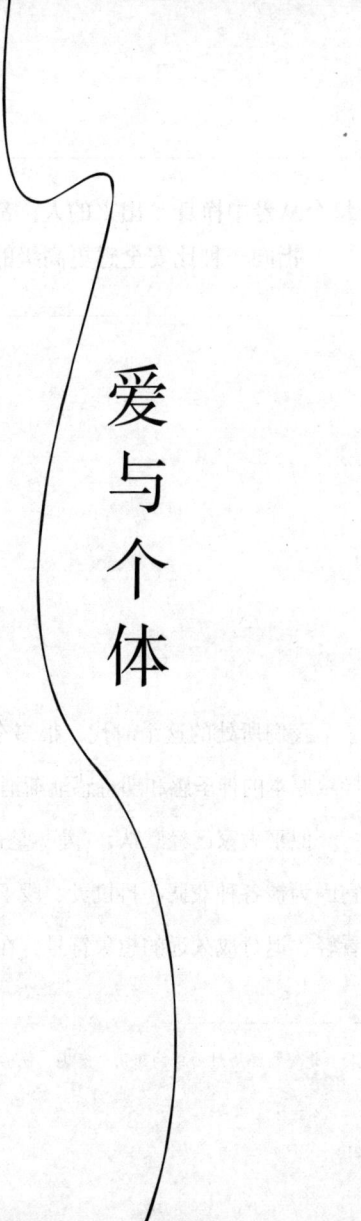

每个从爱中挣身①出来的人,都能在更光明处,指向一种比安全感更高级的心灵恩赐。

我们所处的这个时代,很多东西得到太过容易,导致原本的神圣感和期待感渐渐消失体会不到了。

似乎大家已经默认,"爱"是这个时代的奢侈品,它因为被各种戏谑、抖机灵、段子手过度使用而令人看轻,退行成久远的想象符号,在真实世界里早已失

---

① 此处指经历过爱情的起伏与磨砺,能够重获心灵的自由。

去背后所对应的那份虔诚。

记得一个朋友结婚前曾告诉我,成年以后,她发现爱情和婚姻需要分开看待。所以,她情愿选择一个和自己没有任何情感联系的人结婚,也不希望自己付出感情最后落得个伤痕累累的下场。

她后来果然选择了一个看起来各方面条件不错的男人闪婚。

她说:"你瞧瞧,切断了对情感的期待,我就不会再对对方的表现有什么期待,我与他的生活也不会频繁发生冲突,可以在各自的世界里自得其乐。"

在他们那里,感情已是一种理性层面上纯粹论斤买卖的东西,完全可以操控。可原本爱是一种把自己融会到他人身上的冲动啊,我们的一生,都会因此而有了柔软的部分,有了对这个世界的耐心和感动。

在真正的情感里,我们会因为打磨自己融入他人的生命而激动。因为这种对自我的改造,能够抵抗人自出生以来的那种永恒孤独。

是的,真正的爱是利他的。

那些世俗爱情观,大都是利己的。

那些书上告诉我们的方式，以及我们能接受的爱情，是能增加自我认知的，而非丧失自我存在感的。

它教会了我们这个时代的人，如何在不丧失自我的前提下，与那个相处一生的人形成互惠互利的契约关系，而不是争夺两性权利斗争中的领导权。

无论是争夺关系里的优势地位，还是把另一个人变成为自己服务的工具人，又或者把条件摆出来交换，纠结自己是否在关系中"亏本"了，拆开来看，本质上都是一桩披着婚姻外衣的情感生意。

那些被奉为圭臬的信条，实际上早已背离了爱的实质，只是不敢投入爱的粉饰。真正的情感，应该是博大而通透的——弄懂了它的人，应该无惧与另一个人的生命发生联系，反而会因为和他们形成了无法挣脱的羁绊，令我们益发迫切地要修炼自己的这颗凡心。

有人说过，对的人就是让你变得更好的人。其实，很多感情开始时，当事人并不会提前知道到底是缘还是劫，但他们有勇气去追逐，有勇气去修复自我，彼此就有了温暖、治愈、接纳对方的可能性。

两个人互相治愈、互相温暖、彼此感动，像鱼儿找到了海洋,像生病的人终于遇到了良药。

爱情的真正目的是让人踏上寻找自己的旅程,然后通过碰撞,不断地塑造自己。真正独立的个体,会在爱中得到完整和真正的自由。

这种爱情,即使经受了时光的洗礼后,仍闪烁着它原本的光芒。正如真正的平静,需要在风嘶海啸、山崩地裂之后才能领悟。

是的,我们怕什么呢?在一段情感中,真正的强者是主动为这段关系全力以赴的人。因为他们相信自己心灵接纳痛苦的能力,相信美好的东西会永远存在。

如果爱是一种信仰,那为爱全力以赴的勇气和本真,便是我们从此岸摆渡到彼岸的心舟。

跋涉于幽暗混沌的人世,当我们从心灵深处对同行的另一个人产生感情,学习代入、学习站在他人立场思考时,并非失去了自我,即将落入伤情的藩篱,而是超脱自我,呼唤出一种与天地同情的修行。

每个从爱中挣身出来的人,都能在更光明处,指向一种比安全感更高级的心灵恩赐。

私人定制

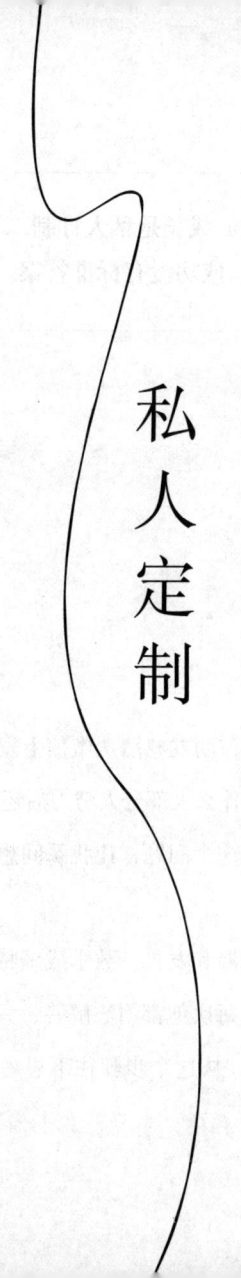

**成长是私人订制，
成功没有标准答案。**

一天晚上，朋友忽然从微信上发过来一个很有意思的问题：为什么大部分人努力后还是平凡人呢？

朋友提的这个问题，让我瞬间想起了上学时班上的一个学霸。

学霸性格温和友善，数学成绩特别好，经常有同学向他请教。每次他都耐心解答，只是讲题时总会顺口来上一句："从这个步骤往下思考，很显然我们能得出一个这样的结论……"

听他讲解的同学大都一脸蒙:"这个结论,并没有很显然啊……"

通常情况下,学霸会反复讲,同学翻来覆去地听,却无论如何也跟不上思路,收效甚微。同学觉得他没有讲明白,他觉得同学没有听明白,两人都花费了九牛二虎之力。

后来有一次,学霸和求教的同学发生了争执,老师看不下去了,找到求教的同学,建议他从更基础的部分学起。

老师解释说,因为学霸已经通读了许多参考书,甚至包括一些还没有引进到国内的专业资料,所以课堂上的这些题对他来说比较简单。讲题时他逻辑清晰,每一步解题方法对应的是自己融会贯通后理解的内涵,那些看一眼就会的东西,被大脑自动省略掉了思考过程。因为大家基础有差异,一般的同学自然领悟不到学霸说的那个层面。

诚然,对知识的驾驭,需要一个循序渐进的过程。所以,在基础不扎实的时候,如果不找准方向使蛮力,反而会陷入自我怀疑。

最高效的办法,就是先打好基础,然后沿着合理的脉络,寻找适合自己的方法。

知识的精进过程一般分成两种情况:一种是前期突飞猛进,但学了一段时间后,发现这门学科的天花板很高,自己很难触达;另一种是前期进度很慢,但到某一个阶段突然开悟了。这两种情况都需要漫长的过程,都有体验不舒服的阶段。

如果是前期进展缓慢,那么吸收知识的过程中感觉不好的最大原因和老师解释得差不多——如果基础不够,一眼望去大多是看不懂的东西,思维中的逻辑也就无法建立。

这就好像一个传统行业的上中下游产业链已经相当成熟,很多经营模式也是多年摸索总结的经验,初涉者一般只能从某个环节的一角切入,对于行业中很多规范、惯性操作的原因一知半解,加上新媒体的冲击,经常会在"藐视一切"和"没出路"两种极端情绪间徘徊,如夹生米饭般难以评估自身的发展和定位。

我们之所以能体悟到知识的乐趣，是因为随着大脑丰富程度的不断增加，思维会越来越连贯，当能驾驭这种连贯性时，会产生一种酣畅淋漓、得心应手的感觉。当然，形成这种感觉需要一个前提，那就是基础储备足够多。

很显然，不管一个人多聪明，前期积累的过程都无法省略。只有"量"的积累达标时，领悟力才会有"质"的飞跃。每个人完善自己的过程，就是一点一滴的积累和反复练习的过程。

去年，朋友麦麦向我咨询该如何给孩子挑选课外辅导书，她说孩子基础太差，跟不上老师的节奏。我建议她在挑书的时候应该更谨慎，别管孩子现在是几年级，要先从他能看懂的里面挑，孩子掌握了这些知识后，再慢慢提升他学习的难度。

正所谓因材施教，每个人接受信息的能力不一样，学习和工作的方式也不一样。

这半年里，看到许多刚毕业或即将毕业的年轻人在网络上抱怨社会节奏太快，对现实社会生活感到恐惧。究其原因，是我们已经默认了主流的标准，还被这种标准绑架了自身的独特性。内核不稳定的人，很容易被这个社会所流行的"主流标准"洗脑，很多公众号上宣扬的口号都存在极大的误导，如"二十岁，就成了千万富翁""有房有车的人生，是你想象不到的快乐"，等等。

媒介总喜欢报道那些某方面特别优秀的特例，但事实是，每个人的情况不同，属于自己的节奏也不一样。成长是私人订制，成功没有标准答案。

曾经看到过这样一句话：你为什么过得这么焦虑？因为现在要求每个人都活在"主流标配"里的宣传口号太多了。

于是，我们迫不及待地想要跟上"主流大众"的队伍，让本该独一无二的旅程与80%以上的人同步；而我们的内心又不够强大，极容易在责难和恐惧中放弃自己的节奏，选择那些"别人想要看到的"东西，进入某些典型范式的路径中。

每个人的基础不一样，每个行业的门槛也不一样。这个世界的丰富性在于，每个人都有独属于自己的成长前奏，在此基础上定制出自己的成长模型，这样我们才能成为真正独立的个体,找到承载自己修炼方式的那块地基。也只有这样,我们才能独一无二,不至于沦为主流价值观下的某个标签。

爱的错觉

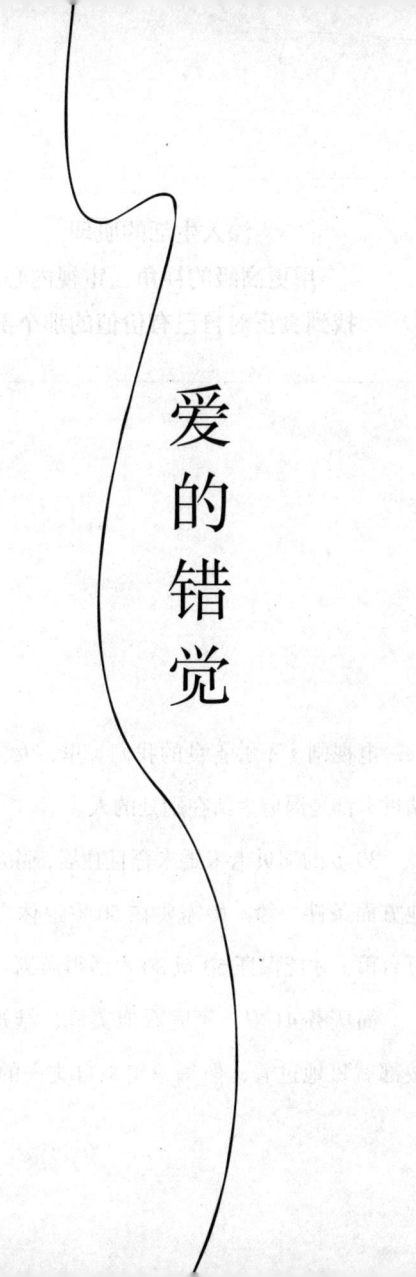

**深入生活的肌理，
用更高级的视角去审视内心，
找到真正对自己有价值的那个部分。**

电视剧《不够善良的我们》里，女主角简庆芬和瑞贝卡都是渴望生活在别处的人。

39岁的瑞贝卡未婚未育且独居，除颜值绝佳，其他方面条件一般。她需要在50岁退休之前存够2000万台币，才能保证50至80岁活得潇洒。

简庆芬41岁，家庭看似美满，结婚生子，日子按部就班地过着，但每一句来自丈夫的"谢谢"，都让她觉得自己在这个家庭中得到的不是爱情,而是牺牲付出后的某种感恩。

瑞贝卡只看见了简庆芬的家庭美满,却不了解简庆芬背后的一地鸡毛、在不断自我猜忌怀疑中与丈夫和家庭越来越远的常态;简庆芬也只看到瑞贝卡的光鲜亮丽,却不知道瑞贝卡背后的焦虑与压力。两个互为假想敌的女人好像在社交媒体上活出了对方最想要的样子,殊不知两人皆身处错觉,彼此美化了对方所走的那条路,完全是情人眼里的西施。

这部剧里面的两个女主角的对比人生,让我想起了现实生活中两位朋友的经历。

朋友 A 的婚姻最近出了点儿状况,因为某一次争吵,夫妻二人闹到了要离婚的地步,看起来很难挽回。朋友 A 说,老公不是自己最喜欢的,只是到了合适的年纪,对方是适婚的对象,两人才走到了一起。现在孩子已经上小学了,她对于当初没有选择初恋男友而感到遗憾。

另外一个朋友 B 则恰恰相反。她和老公也是相亲认识的,虽然彼此不是对方的初恋,当时没什么感觉，只因为家里催婚、条件合适就走到了一起。现在小孩十多岁了，两人的感情却逐渐升温，不仅一起打拼事业，偶尔还把孩子托付给老人，过起甜蜜的二人世界。

在我看来，朋友 A 和朋友 B 的现实条件、生活状态并没有什么大的区别，但是两人对幸福感的体验却截然不同。原因就在于，朋友 A 一直在美化自己没有选择的那条路，认为它充满了自己期待的美好。但她并没有想过，这种美化是基于幻想而非现实。

我们没有走过那些路，无法得知真实"路况"，对路上的困难缺乏具体认知，然而已走的这条路上的艰难险阻每一步都历历在目，所以，常常会下意识地美化未选之路，产生错觉。

朋友圈里有一个特别喜欢"晒生活"的女孩，也是惯性地生活在错觉中。她"晒"的并不是自己的真实生活，而是一种粉饰之后的假象——那种理想中的"高级"，满是名车、名表和奢华的生活。

譬如，明明是朋友开车带她去兜风，她却偷偷把能彰显名车品牌的标志拍下来发在朋友圈里，配上一句"新买的座驾,不是太满意,不过也将就开着吧"。

后来谈男朋友时,她常常会被对方的身份地位吸引,交往一段时间之后,对方总会以她家庭不太富裕、出身太低、学历不高等为借口分手。

粉饰出来的高级感,常常被明眼人一眼洞穿。

她说,总感觉活得太累,很多女人轻轻松松就能嫁个好男人,过上人人称羡的生活。

似乎在她的想象中,所谓的高级生活,就只是奢华物质累积出来的城堡,是对名牌的豪华赞美,是无限满足自己的欲望。

走这样路线的,恰恰是伪高级。被伪饰过的美,已经失去了美的底色,是无根之木、无源之水,注定无法持久。高级美,需要透过现象看到本质的智慧,需要用情商智商保驾护航,赢得真正的尊重。

真正的高级感,一定是以不伤害自洽为基础的,既能正视自身局限,又能接受世事的不可预测,这些无法从外界寻求,它依从于我们自己内心的踏实感。如果没有强大的理智与分辨能力,就无法抵达真正的诗与远方的美好。

在这个世界上，名利也好，爱情也罢，的确是大多数人努力的方向、奋斗的源动力，只不过完美的活法绝不仅仅停留在表面的物质追求上，而是会深入生活的肌理，用更高级的视角去审视内心，找到真正对自己有价值的那个部分。

这样的人，必定不会执着于奢侈品的摆拍，或者衣服的质地。

一个精神上独立的女人，是敢于从任何年龄、任何阶段起步的。她不会把精神触角攀附在外界事物上，因为她的精神是完整的，人格是健全的。她有勇气承受挫折，不会轻易被生活的变故打败，她不必为了讨好世界、赢得别人的喝彩声而伪饰自己。外界的声音，她们能清晰地分辨到底应不应该在意，到底值不值得影响自己的生活。

只有对自己诚实的人，才不会惧怕暴露弱点，因为他们有自省的能力，也有付出爱的能力。

不真实的，永远难有真魅力。

那些不愿意做真实自己的人，因为他们本质上不相信自己能成为一个值得被爱的人。

儿童心理学家爱丽丝·米勒在《天才儿童的悲剧》中说，我们对自己的真实需要和情感视而不见。不知道自己是谁，自己的情感为何，自己需要什么，甚至作为成年人，我们还是屈从于那些在人生一开始就加在我们身上的期许。我们实现这些期许不是为了爱，而是为了爱的错觉。

不停往身上堆砌外物，是因为无法面对内在的自卑感。

要成为真实的自己，就要从接受真实的自己的一切开始，从相信自己值得被爱开始。只有这样，我们才有余力输出到他人身上，才能包容世界的某些丑恶不堪，体谅别人的难处。

不要被某些世俗的范式和浅层次的标准束缚。

与那些通透的人相处，我们会发现，他们身上最美的品质就是真实，由此带来人性上的闪光。这种真实的感觉，每个人都能真切感受到，无法骗人。

一个仅有锦绣皮囊而没有真实灵魂的人，是很难获得持久的欣赏与真正的尊重的。我们应该深深明白的是，外在的东西越美丽，内里就越需要强大的自省能力与智慧支撑。

让我们从现在开始训练自己变得更真实、更通透,在不依赖标签的情况下,也能获得那种由内而外的自信。

第三章

定见与本心

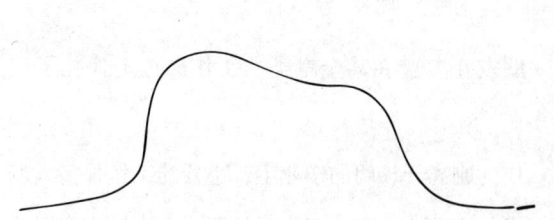

坚守自己的部分越多，
内在和他人的纠缠就会越少，
越不容易产生怨恨，内心就越会变得干净利落。

朋友小梦曾在某金融类的工作岗位上挣扎了三年多。

作为刚离开校门的毕业生，小梦的工作很多人梦寐以求：高薪、稳定、上班时长短，在大城市窗明几净的写字楼办公，时不时有机会跟着领导和客户出入高级酒店，拥有相当高的甲方地位。众人都羡慕小梦"上岸"了，包括父母在内的亲朋好友都告诉她，现在的工作岗位多么难得,千万要稳住,不要乱动,也不要有什么其他的想法。

只有我知道她在这份工作上所承受的煎熬。

小梦说:"我在这份工作上焦灼炙烤、辗转反侧,但是身边却无人能懂。"她的感觉是,自己用平台带来的光环营造出了一份别人看起来金光闪闪的履历。工作的主要内容都是空中楼阁上的高谈阔论,少了项目上的实操经验,空养出一副眼高手低的姿态。更加可怕的是,工作这三年,她感觉自己毫无进步,也找不到进步的方向。这份工作真正带给她的除了那些华而不实的项目经历,还有同事间的尔虞我诈和不停物化自我的情绪内耗。

她说,每当想辞职时,总有无数声音劝阻。在他们有限的理解中,辞职是在浪费机会,那些所谓的换工作理由,都是年轻人特有的认不清现实的矫情。

这套从外向内渗透的价值体系,慢慢模糊了小梦的内在信念,影响她的思考、行为和选择,让她不自觉地妥协,畏惧外面的世界,甚至主动追逐、迎合所谓的"标准答案",一旦发现自己偏离了"标准轨道",就开始焦虑和恐慌。

了解了小梦的经历,我认真地告诉她:"有一句话叫'世界上并没有真正意义上的感同身受',所以,人有时候也不需要别人支持才能做选择。如果你在意他人的价值体系,那相当于把自己价值的定义权交给了别人。所以,遵从自己的内心,寻找自己的定见,在你能对自己负责的前提下,尽情选择想要的生活。"

我们交谈后不久,小梦选择了离职。虽然这个举动遭到了众人的反对,但她自己却如释重负。半年后,她告诉我,果然是树挪死,人挪活。她在离职之后,有了深入了解行业的机会,不仅拓展了职业宽度,也有了在新赛道学习的机会。如果不是换工作,她不会打开新的认知,拓展新视野。

小梦当初的困境并非个案,而是许多人痛苦的根源。

就像理查德·保罗在《思辨与立场》一书中说的那样:"大多数人都是思想和行动上的从众者。他们就像镜子一样简单地反映身边人的信念和价值体系。

他们缺乏认知驱力和技巧去按照自己的方式思考。他们是思维上顺从的思考者。"因此,他们有着非常严重的向外求的倾向,而这必然会导致他们活在他人的价值体系里。

不要被别人的价值系统绑架,因为那是基于他们自己的认知所形成的。很多人都只是停留在安全区内,不愿承担任何风险,通过捆绑大多数人认同的安全系统获得自己的安全感。

当然,一些人是无意识地把自身的价值系统投射在别人的生活里,扰乱了他人内心的节奏。只有我们自己能决定我们喜欢什么、讨厌什么,只有我们自己知道什么对我们更重要、哪些事情可以妥协、哪些事情绝不退让。这些都源于我们的内心,我们需要把这些转化成一根准绳。

每个人都有自己的人生追求和人生节奏。那些不被别人价值体系定义、心有定见的人,往往活得更稳,也更轻盈。你会发现,不管是学校里的学霸,还是工作上小有成就的人,都有自己的想法,能超脱环境且不轻易被他人所影响,也不会去追求不适配的东西，这些东西可能是物质上的财富、名誉，也可能是社会地位、人际关系的表面和谐等。

马斯克当年造火箭、米哈游自研《原神》，都是在周围环境一片反对声中实现的。甚至乔布斯做手机，也是哗然一片，没人看好。有个成功的投资人说过，这个世界上，很多人都喜欢那种唯唯诺诺的人，但绝大多数投资人都会把钱投给敢于坚持想法甚至敢和投资人吵架的创业者，因为只有那种能为了捍卫自己价值体系而随时跟全世界"开战"的人，才有带领其他人去追逐成功的坚韧度与可能性。

即便对普通人来说，逆袭的第一要素也是要有不被身边的人和环境绑架的坚定与能力。你有千变万化，我有一定之规。拥有坚守自己价值体系的勇气，把眼前的事认真做好，内心自然会非常安定，心智平静。如果你觉得某个实习机会可能会对未来的职业规划有帮助，但是身边的同学却撺掇你加入学校社团；再或者，某个领导看好你，可能会对你职业晋升有所帮助，但是同事却在百般嘲笑，这时，该如何应对纠结的内心？答案不言而喻了吧。

构建自己的价值体系,坚守自己认为对的事并一直做下去,选择想要的那条路一直走下去,这些说起来简单,其实特别难,难到只有极少数人才能做到。

断掉父母、老师、领导、公司、社会对你投射的价值体系,你对他人和外界的期待必须是零。

断掉别人对自己的同情或拯救情结,也不期望别人会对我们的行为加以赞赏。

选择想要的人生,很重要的一个方法是戒掉外界给自己的"人设"。有人说过,真正的智慧,就是对那些放在自己身上的赞美和期待"祛魅"。一个人只有敢于坚定地犯傻、出丑、栽跟头,敢于扯掉自己的红毯、尊称,敢于打破"好人"人设,才能活得潇洒通透。

坚守自己的部分越多,内在和他人的纠缠就会越少,我们自己越不容易产生怨恨,内心就越会变得干净利落。

打造并坚守自己的价值体系,是自我负责的极致。在一次次与世界的磨合、一次次自我的选择中,你会一点点地认识自我,看清自己真正想要的东西。成长之路或许孤独而漫长,但只有内在价值稳定的人,才有抵御风浪的勇气,才有愈合伤口的能力。

玩笑的限度

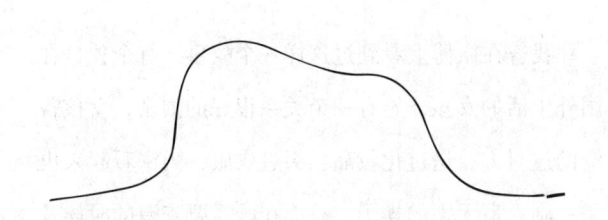

> **以玩笑之名,行欺负之实,
> 这是一种软刀子诡计。**

我曾在微博上看到过这样一个故事:有个独自在国外生活的女孩,她有一个关系很好的闺密,女孩曾资助过对方、送过化妆品、买过衣服,闺密看起来也是一副人畜无害的样子,总能在她需要安慰的时候及时出现。

因为在国外的生活太过寂寞,所以女孩开了一个微博,常常发一些自拍照和影视新闻。

容貌姣好的她很快吸引了一些粉丝，渐渐有了一定的关注度，时不时就有人在微博下面赞美她长得漂亮。

当然，微博上关注的人多了，也会出现一些不同的声音。她注意到，有一个账号经常在评论区用最刻薄、最恶毒的话语贬损她。

这个账号似乎总能戳中她的痛点，即使隔着屏幕，那些语言也能直击人心。

后来某一天，她和闺密逛街，中途闺密去洗手间，让她帮忙拿着衣服和手机，她一眼瞥到还没关闭的屏幕，发现了那个账号正是闺密注册的。

她压抑着怒火等待闺密做出解释，闺密却笑嘻嘻地说："我不过是偶尔手滑，觉得这样很好玩，跟你开个玩笑而已。你在意这些网上的评论干什么，说不定我还能帮你拉流量呢！"

我们身边有很多这样的人，什么事情都可以往"只不过是网上的一段言语"，或者"我不过是跟你开个玩笑"上一推，以玩笑之名，行欺负之实，用这种软刀子诡计，把恶行洗刷得干干净净，甚至给自己洗脑。好一个"就是个玩笑而已"!

我身边就有一个喜欢不分场合开玩笑的朋友。不管什么场合,她总是不分青红皂白地将别人的糗事抖出来。这些人在"黑"完别人后,也经常自黑,但是他们常常道歉积极,还动不动就秒删,打着哈哈把这些事绕过去。

这样的人,他们不是不懂别人的感受,而是习惯了用这样的方式试探别人的底线。

别人最不爱提的糗事,他们非要提;别人觉得丑的照片,他们非要发到朋友圈;他们一定要叫你最难听的外号,直到你痛苦翻脸,还以"这有什么啊,你真小心眼"的话辩解着。

这所谓的"玩笑"背后,其实带着很大的恶意。这样的人太知道别人最在乎的事是什么了,却偏偏选择了作恶。当然,一个总是游离于人与人交往规则之外的人,别人最多就是选择远离他们,而游离于社会规则之外,不把某些原则当回事的人,就会常常玩着玩着就玩脱了。

有一个幼教老师在让孩子们做出各种动作时,发现一部分孩子能坚持做完,但总有几个孩子任性地从队伍中跑出来,旁若无人地玩着自己的玩具。家长只要稍微露出一点儿愠色,他们就大哭大闹,不依不饶。

这些孩子的哭闹,其实也是一种对底线的试探。

幼教老师后来对我说:"你知道这些孩子为什么会这样吗?因为他们从小受着'快乐教育'长大,缺乏耐力,缺乏活在规则之下的能力。"

我不知道他们的家长有没有后悔,在该对孩子进行规则引导的时候选择了放纵,这样的孩子进入社会后,多多少少会在规则方面存在一些不适。

在这个时代里,大家已经日渐缺乏耐心,除了父母,没有谁会反复原谅一个总把自己当成孩子,总说自己有口无心,总是反问"这也不算什么,你为什么不原谅我"的人。

每个人必须为自己说出去的每句话、做出的每件事负责。如果别人总是因为你的错误受伤,而你总是说自己是无心的,总说这也没什么大不了的,总是道歉,却永远不做出改变,那么总有一天,别人看清了你的真面目,就会选择放弃你。

我还有一个朋友,她非常喜欢迟到,每次约会总迟到半个多小时。对此,她总能给出各种理由。

在她的世界里,似乎每一件事情都比我和她的约会重要。当然,除了这一点,她别的地方都还好,她自己更觉得这不过是一个很小的问题,见面了随便插科打诨几句,迟到的事也就过去了。

真正令我生气的有两次:一次是我和她约好了一起去给一个朋友接机,临近对方要落地的时间,我给她打电话,她竟然还没有出门。

等我俩急匆匆地赶到机场时,朋友已经在冷风中等了将近一个小时。

她还是以前那样的态度,想插科打诨把这件事遮掩过去,那个朋友却很严肃地责备了我们。

那个朋友说,不是一定要我们去接她,而是如果不能按时抵达,可以提前知会,这样她不必干等着,也更方便做下一步安排。

可是我迟到的朋友仍然用那一句"这有什么呀,我们一会儿带你去吃大餐补偿你",想把这件事敷衍过去。可那个朋友并没有接受我们聚餐的邀请，而是急匆匆地奔赴目的地。

后来又有一次，她主动邀请我出去，我等了半个多小时她仍然没来，后来我实在忍不住打了个电话，她含含糊糊地说马上就到。可是当我赶到她家时，发现她才刚刚起床。

这一次，我没有选择原谅。

并非她不好，而是继续相处，本质上就是一件非常累人的事情，她总是用对友谊的敷衍来消耗彼此的能量。

敷衍背后是在试探别人可以无偿接纳、原谅到什么程度，只要对方不采取行动，她这种行为就会一直持续。

其实，每个人都应该从"别人能无偿接纳我、原谅我"的梦里醒来，每个人都应该清醒地认识到，这个世界上，某些规则和是非无关，人一旦看透彼此，就会索然无味地选择分手。

关系的边界

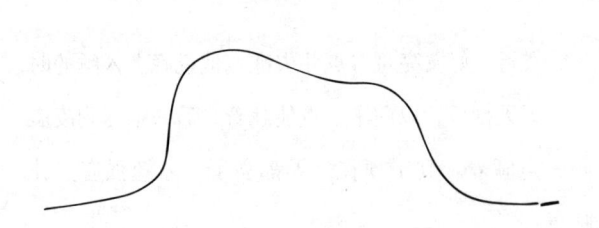

**先为自己而活不是自私，
而是生命自发的保护机制。**

最近，好友亮哥有点儿失眠，他说晚上入睡的时间一天天推后，以前十二点能睡着，后来推迟到凌晨两三点睡着。到了现在，天都亮了，才勉强有点儿睡意。

亮哥的经历有点儿特殊。他很小的时候父母就因病过世了，是爷爷、奶奶把他和两个弟弟拉扯大的。三兄弟中，就数亮哥会读书，二老平时省吃俭用，送亮哥上了大学。

亮哥也争气，读书时成绩一直很不错，几乎年年都拿奖学金，再加上他课余时间勤工俭学，生活费也有了着落，不再需要爷爷、奶奶替他着急费心。

读大学的时候，爷爷奶奶经常跟他说："家里就你一个人上了大学，以后参加工作了，要多帮衬两个弟弟。"亮哥一直对爷爷奶奶很感恩，老人说的话，他始终牢牢记在心上。大学毕业后，亮哥进入一家国企工作，工资待遇各方面都不错，单位食宿全包，每个月的薪水一到，亮哥留下三分之一，其余全部寄回老家。

这么多年下来，亮哥总共给家里寄了三十万块钱。这些钱，爷爷、奶奶一直存在银行里，等到两个小孙子娶媳妇，他们才取出来用掉。

我曾问亮哥："把钱都寄给家里了，那你以后成家怎么办？爷爷奶奶不替你考虑吗？"亮哥的回答也很无奈，说爷爷奶奶觉得上了大学就能挣大钱，至于女朋友，他们认为读了书怎么会娶不到老婆！

看来，亮哥家里人是把所有的压力都往他身上扔了。

亮哥才三十岁出头的年纪,常年为家里操心,两鬓竟出现了不少白发,整个人精神不振,愁眉苦脸,看起来十分显老。这次他又接到了爷爷奶奶的电话,二老在电话里长吁短叹,说两个弟弟不争气,娶了媳妇后天天在家吵架,两个媳妇都嫌他俩没本事,不会赚钱,闹着要离婚。

可是亮哥又能做些什么呢?看看银行卡,里面只剩两三万块钱了,难道也要寄给家里吗?

当然不能。

亮哥征求我的意见,我坚决制止了他。

我对亮哥说:"这些年,你为家人做得已经够多了。现在天天失眠,就是因为你总想着替家人负责,把他们的情绪和感受全背上身,没办法为自己而活,一次、两次、三次,或许还能挺过去,但再往后,你会崩溃的。"

亮哥这种做法,是典型的缺乏界限的表现。在关系中缺乏界限的人,总是把自己当成救世主,就像心理咨询师丛非从说的那样:"他们总想安抚别人的情绪，为别人的情绪负责。想拯救别人的难过，消除别人的愤怒。这些想不开的人，就会把自己弄得特别累。"

一个总想去拯救别人、替别人扛起生命重担的人，岂止是特别累？

担了别人因果的人，到最后，既拯救不了别人，还会彻底把自己的人生也搭进去。

人人都只能为自己而活，人人也只需为自己而活。

很多人觉得，这样太自私，因为我们从小受到的教育都是"你要为别人着想""你要懂得体谅别人的感受""你要学会付出和奉献"……

这些话听着都没错，可一旦它成为一种强制标准，被强行地灌进我们的头脑里，必然会在心中造成一种分裂。这就导致很多人都得了一种病——宁可牺牲自己也要让控制他们的人开心。

具体表现为，他们总觉得自己要为别人的情绪和感受负责任，如果不去拯救别人，就会被一种莫名的愧疚感和罪恶感团团包围。

为了避免这种感觉围殴自己,便开始扮演救世主,积极地为拯救而行动。可他们毕竟是普通人啊,当一个人不能为自己而活时,往往会非常压抑,脚步也会变得虚浮无力,心里更会因为过度付出和奉献而累积怨恨。

亮哥不就是这样吗?他曾多次跟我说,不想回家过年,也不想念爷爷、奶奶和两个弟弟,每次看到他们,他心里没有丝毫喜悦,只有无尽的沉重。他为此还一度自责,觉得自己有这种想法和感受不应该,对家人太冷血了。

但我知道,这并不是冷血,而是生命自发的保护机制,我提醒亮哥不要再过分透支自己,因为一个人只有先活好自己,才有余力帮助别人。

作家金尚在《永远成长的苹果树》中写道:"每一棵树都是先利己的。它由根部吸收水分,供给枝叶花果养分,然后开花,芬芳所有经过的人;结满果子时,分享给所经过的路人。在你没有充分给予自己之前,你无可给予他人。你未足够关照自己的感受之前,也无法关照他人的感受。你没有爱好自己之前,也无法真正去爱他人。"

可见,先为自己而活不是自私,而是一种天生应该具备的智慧。

当你划清界限、专心过好自己的生活,不为别人的情绪和感受所烦忧时,别人也会慢慢接收到你这种充满力量的态度。这样,"绑架"你的人就无法赖在你身上,企图让你替他负责;这样,"绑架"你的人也必须从孩子的心态中走出来,学会自我负责。

曾听过这样一个故事,某天,丈夫在辛苦工作了一天之后回到家,身体有点儿累,心情也有些烦闷,便没事找事地向妻子发火。他本以为妻子会过来安慰自己,没想到妻子的反应却很平静。

妻子对丈夫说:"好吧,我看你今天好像很累,你先歇会儿,一个小时后我再回来。我给你在冰箱里放了一瓶啤酒,等你淋浴之后它凉了就可以喝了。一会儿见。"说完,妻子就拿钥匙出门了。

妻子的意思很明显:"你死了这条心吧,我不会当你的出气筒。"

丈夫不是傻瓜,他当然明白妻子的意思。奇妙的是，妻子离开后，他洗了一个冷水澡，慢慢冷静下来，也觉得自己有问题。

这时妻子回来了，看到坐在沙发上的丈夫，两人相视一笑，情感反而更进了一层。

所以你看，如果一个人能守住界限，不去承接别人的情绪和感受，那别人自然不会把希望放在你身上，他会回归己心，好好处理自己的情绪和感受。

这就是人性的奥秘之一。

所以，收拢心思，好好经营自己的生活吧！把别人的情绪和感受还给别人，这不是自私自利，也不是冷漠无情，而是尊重别人成长的权利。

讨好型人格

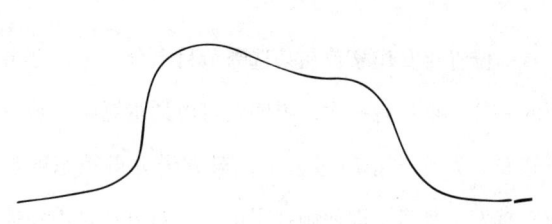

讨好别人是一条不归路。
情绪上的能量堵塞,总会通过身体杀出一条血路。

一位青年女作家曾在某选秀节目上分享了自己亲历的一件小事:有一次,男朋友打电话责骂她,她一直道歉,两个多小时过去了,对方仍觉得她态度敷衍,越发不满意,即使她挂了电话,对方还是不停地继续打。

看到那么多来电显示,她吓得浑身发抖,可即便如此,她始终不敢跟对方说出"你不要再给我打电话了,否则我就生气了"这样的话。

后来,她再次回忆这段经历时,只觉得很恐怖:"在如此亲密的两性关系中,我都不会表达自己的真实情绪,不会跟对方争吵,非常害怕起冲突,非常害怕别人不高兴……"

其实不只亲密关系,在工作中她也是如此:面对比自己年纪大的前辈,哪怕对方说的话她并不认同,也会违心地称赞:"老师,您说得太对了!您再给我们讲讲吧。"

不难发现,这就是典型的讨好型人格,也叫迎合型人格。

根据调查,在人际关系中,有将近一半的受访者感觉自己会习惯性地讨好别人,不善于拒绝。此外,还有相当多的人具有多重人格。讨好型人格出现的主要原因是害怕被排挤,希望得到认可和存在感。他们特别在乎别人对自己的看法,总喜欢迎合别人对自己的期待,因此往往过分压抑自己的真实感受,一味地取悦,哪怕内心已经累积了很多不满和愤怒,也不会表现出来。

长此以往，他们势必活得很不快乐，因为一言一行必须建立在别人的喜恶之上，他们会说别人喜欢听的话，做别人喜欢看的事。

因为不愿意再这样痛苦下去，这位女作家跑到日本东京待了一年，不工作，不学习，不跟任何人接触，也不上网，完全把别人的评价和看法抛到一边。

这一年，她过得很快乐，回国后跟一个老师见面，对方倚老卖老地教训她，她也不再像之前那样恭恭敬敬地听着、受着，而是在反驳对方后摔门而去。

终于说出了自己的真心话，终于做了一回真实的自己，女作家高兴得像个小孩子，到处给朋友打电话报喜："我骂人了，我终于骂人了，还骂得特别难听！"

这件事对她来说是一个"里程碑"，从此，她战胜了"讨好型人格"，不再追逐"被别人喜欢，被别人认可，被别人夸赞"了。

然而命运的神奇之处就在于，当她放弃之前那个"故作谦卑、故作讨喜"的人设后，吸引来的都是她真正欣赏的人，同时这些人也很欣赏她骄傲的样子。

其实，讨好别人是一条不归路。

心理学研究表明，有讨好型人格的人容易患上抑郁症和各种心理疾病。他们大多从小缺乏家庭关爱，对他人有强烈的依赖，常常容易顺从他人的想法和意志。大部分讨好型人格的成因与成长环境有关，比如家人过度苛责和反复提要求，总想通过讨好来避免责罚，最终导致这种个性特征反复出现。

然而，一时讨好或许并不难，难的是持续讨别人的欢心。我们都听过一个成语叫众口难调，生活中，你喜欢的别人未必喜欢，因为爱好不同；你感受到的别人未必会有同感，因为经历不同；你看到的别人未必看得明白，因为领悟不同；你认为做得对的别人却认为是错的，因为立场不同。

当一个人想要讨所有人欢心时，他就必须像孙悟空一样学会七十二变，否则，今天他讨好了这个人，明天就有可能得罪那个人。

美国情景喜剧《生活大爆炸》中有这么一个细节：佩妮和伯纳黛特因为工作的事起了纷争，她俩都向共同的闺密艾米抱怨对方，佩妮说伯纳黛特对自己的工作插手太多,而伯纳黛特则说佩妮一点儿也不领自己的情。

艾米夹在中间,为了两边都不得罪,于是,当佩妮说伯纳黛特的不是时,她会跟着佩妮一起抱怨,而当伯纳黛特说佩妮的不对时,她又会跟着伯纳黛特一起发牢骚。

刚开始,艾米非常享受这种感觉,因为她觉得自己是三人中间唯一一个不被其他两人讨厌的人。可时间一长,她在应对两边的过程中难免力不从心,为此闹出不少笑话。

最后,当佩妮和伯纳黛特和好时,她终于松了一口气,这下再也不用一人分饰两角,忙得不可开交了。

看看,一个人想要讨好两个人都那么艰难,又如何能讨得全世界的欢心呢?

作家席慕蓉曾说过这么一段话:"在一回首间,才忽然发现,原来,我一生的种种努力,不过只为了要使周遭的人都对我满意而已。为了要博得他人的称许与微笑,我战战兢兢地将自己套入所有的模式,所有的桎梏。走到中途，才忽然发现，我只剩下一副模糊的面目，和一条不能回头的路。"

讨好别人，强行跟别人保持一致，并不能换来别人对你的喜爱和认可，相反，轻贱自己的价值，将自己放低到尘埃里，总是迎合别人的期待和需求时，别人大概率也会照葫芦画瓢，拿你对待自己的态度来对待你。

我有一个发小叫晓敏，她性格绵软，有些胆小，为了不跟人起冲突，总是不惜委屈自己，不由自主地讨好身边人。时间久了，晓敏积郁成疾，体检时被查出有乳腺疾病，医生很严肃地告诉她，平时一定要保持心情愉快，不能太压抑自己。

是啊，情绪上的能量堵塞，总会通过身体杀出一条血路，所以，从某种程度上来说，疾病不是灾难，反倒是一种善意的提醒。

这场病来得及时，使晓敏幡然醒悟，从那一天开始，她收回了对别人的讨好，开始善待自己、尊重自己，跟人打交道也提高了"门槛"。

凡是不懂尊重的人，她要么用言语撑回去，要么彻底无视对方。她的转变让身边人都很惊讶，可有趣的是，大家竟然没有责怪，反倒对她越来越好了。

这也是人性的秘密。当一个人不懂得爱自己，只围着别人转，忽视自我认可，无疑是戴着伪装的面具，期望获得别人的认同来乞讨生活。通过勉强自己，用一种表面看起来乐观、快乐、包容的态度与身边的人周旋，非但不能换来友好，还会换来变本加厉的倾轧。

当你稳坐在自己生命的中心，像一朵花、一棵树一样不卑不亢，落落大方，兀自绽放自己的美丽时，全世界都迫不及待地想要讨你的欢心。

示弱的本质

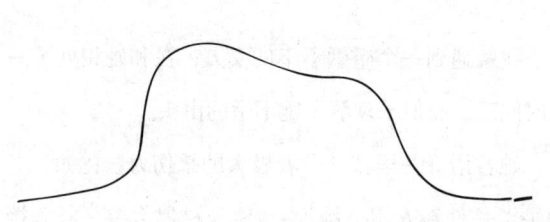

**真的做到了这些,他们首先获得的,
是内在的安宁和外在的慈悲。
有了安宁和慈悲,才会展现出柔和与宽容,
也有了和别人愉悦相处的可能性。**

我曾遇到一个婚姻不幸的女人,在和她相处了一段时间后,我似乎理解了她不幸的由头。

她言语锋芒毕露,带着极大的杀伤力。比如,老公买了一件新衣服,她说:"你身材那么差,衣服档次再高又有什么用。"亲戚庆贺女儿考上了一所好大学,她听闻后,阴阳怪气地来了一句:"考上大学有什么用,又不是清华、北大,没什么可骄傲的。"

她已经把这种咄咄逼人的姿态,变成了日常说话的惯性。似乎每一个人、每一件事,她都能挑出毛病来。

在她感慨老公不爱自己的时候,我小心翼翼地说:"你太强势了,这个世界并不完美,适时向自己的亲人示弱,你会活得轻松一些,也会令他们更舒适。"

强大并不等同于强势。正因为人的天赋、基因、性格有所差异,我们才需要寻找另一半。

敢示弱的人,是能坦然面对自己内心,敢于承认自己缺憾的人。这样的人,他们解决问题的路径才会短,不会绕弯弯,直奔主题。

记得我有一个女性朋友在某次和男朋友吵架后,咬牙切齿道:"这一次,我绝不会向他示弱,否则我就输了。"

我说:"情感里,并没有你想象的那么多限制,你原谅他那些无伤大雅的错误,其实是因为你比他更强大,所以才更能向下包容。示弱是一种智慧,也是一种聪明的蛰伏。"

她的话令我想起了某个选秀节目里看到过的一个姑娘。那个节目中的参赛者个个才艺突出,比拼环节纷纷使出浑身解数,唯有这个姑娘没有什么突出之处,在自我陈述和当众表演的环节里,在一群闪着光的人群里,她显得非常"弱"。

比赛结束时,记者采访了所有参赛者。那些晋级的姑娘们,按照惯例感谢了一大堆人。轮到这个姑娘时,她告诉观众,自己表现得并不好,但这就是她努力的上限了,大约是天赋有限,所以她并不惋惜。

这个世界有太多人要强,所以不妨用示弱的方式来中和一下。

朋友在和我谈到这件事时说,当下这个时代,很多人最喜欢的就是真实,一个人如果能活出自己真实的状态,哪怕缺点再多,也能获得别人的体谅。

这个姑娘身上有种不完美的坦荡,她明明知道自己的短板,却不像他人那样伪饰自己、羞于把弱点展示出来,而是在众目睽睽下接受和承认缺点,并能让人感觉到她为这种短板做出的努力和改变。

那时候,我忽然明白,这个姑娘并不"弱",恰恰相反,她是强大的。只有内心真正有力量的人,才敢于向这个世界示弱。

这个世界有太多人想赢。那些想赢的人,他们有时候都忘记了自己面对的是爱人,是伴侣,是关心自己的亲人。最坏的感情,就是用锋利的语言武装自己,向至爱呈现强势的模式。

然而,他们一旦遇到了外人,反倒不敢吭声了。

大部分普通人选择走进婚姻的初衷,是为了给自己的情感找到寄托和退路,为人生的后半场经营出一个遮蔽风雨的港湾。这样,当人生风雨来袭时,会有一个人托底,带来慰藉,让你感觉自己并非孤立无援。

就像《论语》里的那句话一样:己欲立而立人,己欲达而达人。

真正靠谱的人,一定会照顾他人的感受。这种为别人着想的姿态,表面上是付出,事实上是令自己先安心。

只可惜,很多相爱的人一开始并不懂这个道理。

就像我年少读金庸小说时,对于男主角张无忌、段誉,始终想不明白为什么他们在女人面前会表现得那么"弱"、那么"憋屈",始终做不到疾恶如仇、当断则断、非黑即白、慧剑斩情丝。

经历了更多的世事后,我才恍然大悟,这些故事之所以动人,正是因为男主有着稳定厚道的人生底色。他们愿意做"弱者",恰恰因为他强大。这种底色是人的本性里最渴望的东西,它不仅会引导我们去原谅爱人,还会指引我们用宽厚的心态和这个世界相处。

更多人习惯于挑剔伴侣的不足,习惯抱怨他们不能让自己更满意,习惯沉浸在自我世界里,让别人为自己的喜好让路。

事实上,如果一个人真的想让爱人珍惜自己的付出,靠的是个人的魅力、交往中的愉悦和舒适度,以及你与对方是不是能真正地相互体谅。

如果亲密关系中的任何一方真的做到了这些,他们首先获得的,是内在的安宁和外在的慈悲。有了安宁和慈悲,才会展现出柔和与宽容,也有了和别人愉悦相处的可能性。有了这种可能性,才可能经营好爱情和婚姻。婚姻里双方有厚道的人性底色，他们才能让对方变得更好。这种厚道，近乎英雄主义，它是我们看清生活的真相之后，依然热爱生活的基础。

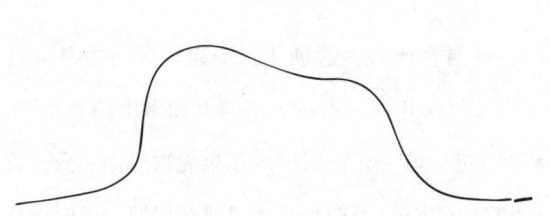

止损的能力

不要被那些思维的网，
捆缚住纠错的决心。

朋友与合伙人一起创业，中途发现对方并非良人，为了尽快止损，不在无谓的人和事中消耗情绪，她毅然决定，在一定的时间内如果无法协商一致，就放弃和对方纠缠，及时抽身去寻找新门路。彼时他们一起经营的公司已经走上了正轨，在这个阶段离开，损失超过千万。

身边的人认为她这么做太"屎"了，无法理解。

这等于是被别人侵占了财产,掠夺了劳动成果,等于她吃了一个哑巴亏。怎么能轻而易举地善罢甘休呢?

她则认为成年人的世界里,一个人很难改变另一个人的想法和行为习惯。有些选择,既然大家都已经知道是错的,不如及时纠正,这样也好早点儿把时间和精力投到真正能实现自我价值的地方。

只要有谋生需求,或多或少都会遇到风险和决策失误。选择固然关键,但比选择更重要的,应该有及时止损的能力。

她的这种观念,让我联想起一个女性朋友的婚姻。她新婚不久,便发现老公对待感情并不专一,虽然马上离婚会给个人形象和事业前程带来影响,但她还是果断选择了离婚。

她告诉那些关心她的人,坦诚地面对痛苦,比虚伪地维护表面光鲜要好得多。

在她看来,离婚只是选择错误,并非人生失败。

不论男人的花心是不是天性,但我们自己没必要如怨妇一般,逢人诉苦、一蹶不振,损毁正常的生活轨道。

她说:"如果不幸在婚后才发现恋人就是不愿意回家,就是一辈子也长不大,永远觉得外面的世界精彩,那不如早点儿放手,大家各安天命,反而是一种对彼此的慈悲。"

就如同找工作一样,双方的需求匹配时,大家就好好地在一起;需求不匹配时,好聚好散、及时止损才是更好的选择。

她和前夫离婚几年后,才遇到了现在的先生。认识了三个月便闪婚,两人生下了一个女儿,生活得很幸福。

她从第一次婚姻中明白的道理是,人是独立的个体。一个有独立意识的女人,绝对不能为维持一个婚姻的躯壳而活着。真正有自尊的女人,不会害怕肩上担子太重,她们吃得了苦,就是不能被捆绑、被消耗、被欺瞒、被压榨。

身边很多人都很佩服她在生活面前的清醒姿态,羡慕她发现选择失误后敢于主动纠错止损。

这种止损并不是软弱,而是烈性。这样的烈性里,有对自己的自信,更有对这个世界认识的通透。

越是有强大生命力的人，越是敢于承认自己的失误。因为他们不需要为着那点儿自尊，在无端的情绪里浪费生命。

之所以有的女人过着过着就成了怨妇，因为她们羞于面对自己，羞于承认自己是个普通人，有着普通人的软弱和虚弱，将幸福与不幸，全都维系在面子上，所以才给了别人无休止伤害她们的机会。

这位朋友做了很多人不敢做的事情，用实际行动纠正了选人时的失误，及时把自己的人生扳回到了正确的轨道上。她也做了很多女人想做而不敢做的事情，你辜负她，她就会毫不犹豫地离开；你爱她，她也会安心成为好伴侣。

我们不怕试错，只怕不能清醒地判断什么才是对自己最重要的，更怕我们一直被错误捆绑，在悔恨和纠结中消耗自我，却始终不能付诸行动。

细想一下，人生很多事我们都是第一次经历，每一次做选择，都可能面临着难以预料的风险。年少时跌跌撞撞地探索，偶尔走错了路、选错了人其实都没关系，只要及时止损，具有纠错能力，它就不会伤及我们的根本，我们也一定能拥有超强、彪悍的人生。

朋友也是如此。离婚后，工作中追求她的人很多，她并不缺爱情，只是在等待自己需要的那一种。她明白自己的方向，有不惧推倒重来的魄力。

不要害怕改正，越过去，没有什么大不了的。太阳底下从无新鲜事，我们走着别人的旧路，流连着旧日的悲喜。有很多人试错之后及时纠正，有很多人从绝境中找到出路，也有很多人笑对生活的失误，重新扳正人生位置，我们要相信，这些自己也能做到。

不要被那些思维的网，捆缚住纠错的决心。

如何生活，真正的选择权，其实在自己手里。与其天天抱怨活得不痛快，何不快刀斩乱麻，斩断令大家都不舒服的因果。

纠正的欲望

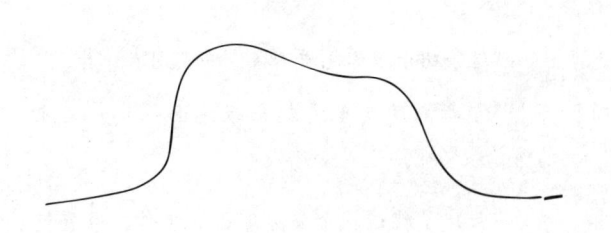

**这种拾人牙慧的沾沾自喜，
说不定正是别人眼中浅薄无知的炫耀。**

"这条裙子跟你气质不搭，一点儿不好看。"

"你新做的发型看起来跟泡面一样，又土又俗。"

"女孩子就该找个安分守己的工作，做直播都不是正经人。"

"别用洗洁精洗碗，对身体不好。"

"衣服最好用手洗，洗衣机容易滋生细菌。"

"别半夜出去喝酒,穿衣服不要太暴露,不自爱容易被坏人盯上。"

"女人过了 30 岁还不结婚,小心将来没人要。"

"都 35 岁了还不要孩子,就算有钱进养老院,到时没有人来看你。"

网络上经常会出现类似的言论,你是否也经常会收到这样打着"为你好"旗号的所谓逆耳忠言?说话者一直强调你应该怎样做,仿佛他们是带着上帝视角的人生赢家。

殊不知,这种自以为是的态度,恰恰暴露了浅薄无知的控制欲。

朋友 D 先生最近就遇到"被朋友指点人生"的烦恼。在他的概念里,婚姻的基础是两个人感情的升华,孩子从来不是婚姻存续的安全纽带。所以,在跟妻子结婚之前,两人就商量好将来做"丁克"。为免妻子压力太大,他还跟父母坦言是自己的想法,希望得到理解和支持,别给妻子压力。为了解除妻子的后顾之忧，他主动提出签协议，支持妻子做冻卵。

他认为这是自己的事，后来却发现想简单了。

过了35岁以后，D先生身边的朋友、同学都陆续有了孩子。每年聚会，大家从最初的工作、圈子这些话题，逐渐转到了"育儿经"和孩子教育上。每到这时，D先生都会被"一脸关心地"询问什么时候要孩子，被告诫"不能为了一己之私不要孩子，不然将来肯定晚景凄凉"等。一开始，D先生会反驳，举一些有儿有女晚年也很孤独的实例，后来他逐渐淡出这类聚会了。

40岁时，D先生的父亲受不了了，义正词严地给他下了最后通牒，必须在两年之内生小孩，不然就跟他断绝关系。D先生早过了被父母管教的年纪，因此发生了激烈的冲突，关系一度僵化。其间，亲朋好友也纷纷打电话指责D先生的不孝和自私，认为他丝毫不考虑老人的感受，也不愿意承担育儿的责任。

最终，D先生选择了妥协，他和妻子到医院做了体检，却发现妻子因肌瘤严重得马上切除子宫，这意味着术后将无法生育。面对这样的结果，D先生如释重负。然而让人想不到的是，D先生父母私下找到妻子苦苦哀求，希望她能体谅父母的一片苦心，离开D先生，并愿意拿出全部积蓄作为赔偿。最终，在D先生父母的眼泪攻击下，妻子还没等身体完全恢复，就决绝地跟D先生离了婚。

后来，D先生依照父母的安排另娶生子，可目的性太强的结合注定了两人的三观并不契合，日子过得鸡飞狗跳，每天都生活在水深火热之中。前妻养好身体后，开始了一个人的旅行，后来，她遇上了现在的先生，他们一起旅行，一起看夕阳，还捡了只流浪狗，结伴去看世间最美的风景。

D先生的悲剧令人唏嘘不已。其实，即便D先生最终生下子女，也很难说是幸福的。我们身边有很多这样的人，总是以一副"过来人"的姿态自居，对别人的选择横加干涉和制止，自以为是地用网上看到的理论标榜自己，然后又照本宣科地套用在别人身上，表面好像是在拯救人，其实却是将人拉入深渊的罪魁祸首。

这样的现象在亲子关系中最为普遍。作为掌控一方的家长，我们似乎具有天然的优势，常常喜欢把自己曾经犯过的错、得出的经验，当作密钥传授给孩子，然而这样的经验在不同的环境、不同的条件、不同的性格里，被当成万能法则，明显不够妥当。

时代在变，人也在变。适合一个人的方式，不一定适合另一个人，每个人成长的道路，都是自己不停实践、不断修正错误、不断完善总结，最终实现自我提升的一个过程。没有实践空谈方法论和捷径，充其量只能是纸上谈兵，真正遇到问题反而不知道如何去应对。

所谓泰山崩于前而面不改色，丰富的经验都源自实践，在不断试错中修正。孩子犯的有些错是成长必不可少的磨刀石，最好的办法就是家长做一个冷静的旁观者，让他们在实践中自我修正，慢慢成长。

鲁迅曾说，父母对于子女，应该健全的产生，尽力的教育，完全的解放。长者须是指导者协商者，却不该是命令者。① 年长者最大的修养，是抑制住批评年轻人的欲望。

对他人的人生横加干涉，是一件极为愚蠢的事。有句话叫"人之患，在好为人师"，这是很多人都有的毛病，这世界上总有人喜欢指责别人的错误，自认为智慧、学识比别人高明。这种拾人牙慧的沾沾自喜，说不定正是别人眼中浅薄无知的炫耀。而且，好为人师并不代表一个人就善为人师。

真正有内涵的人，不会强迫你做不喜欢的事。他们往往不需要外人的认同，更喜欢春风化雨、言传身教的潜移默化。他们不会强加干涉别人的选择，而是极大地尊重他人的意愿和尊严，这样反而更容易获得尊重和认同。那些成功的管理者，更愿意去欣赏和激励，采取积极的手段激发对方的潜力，而不是强迫别人做自己讨厌的事。

同样，在与同伴合作的关系中，如果有人强迫你去做一件事，势必引起你内心极大的反感，从而产生

---

① 见《我们现在怎样做父亲》，1911 年 11 月 1 日鲁迅发表于《新青年》杂志的文章。

消极对抗情绪，做事的效果往往事倍功半，达不到真正的预期。

叔本华说："在和别人交谈时，要克制去纠正别人的冲动，尽管我们这样做出于好心。因为想要伤害别人很容易，但是，想去改善别人，即使没有阻挠，那也是很困难的。"

每个人都想按照自己的意愿去活，没有人愿意成为被操纵控制的工具，即使对方是最亲近的人。过分纠正别人不仅不会得到对方的尊敬，还会让对方产生怨恨。爱和鼓励是最好的教育，而不是毁灭式打击。所以，我们都要克制自己的欲望，尊重他人活着的方式。

善良的锋芒

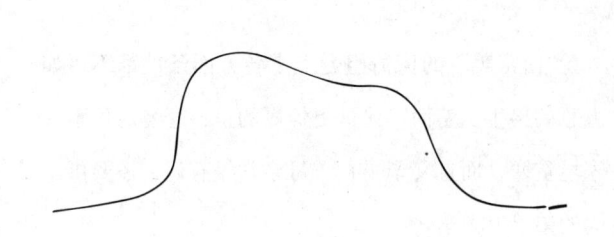

> 心怀叵测的人，会在毫无原则的善举中被圈养出来。所以，对方也是在你软弱退让毫无招架的丢盔弃甲中，一次次刷新底线。

"白富美"的倩倩姐爱上了各方面条件都不尽如人意的男生。然而，比这更惊爆的是，恋爱对象不仅家境贫寒，而且父亲早亡，母亲常年有病，还要供年幼的弟弟上大学。

她的选择，毫无疑问地遭到了父母、亲友的强烈反对，可倩倩姐并没有被他们的理论劝退，反而不顾一切地想要跟这个男生在一起。

朋友劝她不要太天真，就算真的选择结婚，也千万别掏心掏肺地献出一切，到头来竹篮打水一场空。可倩倩姐却认为，爱一个人，就要给他百分百的信任，如果一开始就有所保留，那还叫什么谈恋爱呢？

然而，事实真的很打脸。一开始和老公好得蜜里调油的倩倩姐，上周刚办完离婚手续。提起前夫，那个原本善良单纯的倩倩姐气得咬牙切齿，她说："想不到一个人居然可以无耻到人神共愤的地步。"

刚结婚那几年，她为了伺候婆婆、照顾小叔子，拿出所有积蓄买了房子，把他们从小山村接到大城市生活。婆婆身体不好，老公也没有多少积蓄，她就去娘家求助，父母不忍心看女儿受罪，只得拿出钱来。

但是之前没钱的时候，老公就不上进，如今倩倩姐的娘家拿出钱，他更是一点儿也没有出去找工作的意思了。倩倩姐很无奈，天天生闷气，因此流了产，影响了生育。后来为让家人高兴，她咬牙忍受各种痛苦，打促排卵针，配合医生积极治疗，希望能再次怀孕。

在倩倩姐眼里，只要她对老公好，对老公家人好，做到有求必应，就会得到理想中的幸福。

在倩倩姐的催促下，老公终于出去找工作了。大概是怀着一股对她的恨意，她老公稍微有了点儿地位后，对倩倩姐的态度就有所变化，时好时坏。倩倩姐自我安慰说可能他工作压力大，在屡遭恶言相向时，为了维护家庭的"完整"，倩倩姐始终软弱示好。

后来，老公居然搞起外遇，还让对方意外怀孕。最可笑的是她那个婆婆，听说对方怀的是男孩，觍着脸帮倩倩姐的老公说话，劝她接受婚外恋生下的孩子，还萌生将她娘家陪嫁的房子过户到孩子名下的念头。

为人善良没有错，但善良过了头就是软弱。对于这样伤害自己的人，倩倩姐忍无可忍，最终选择了离婚。

相信任何一个人听完她的经历，都会愤慨不已。可造成这样的结局，其实也有倩倩不可推卸的责任。

善良是幸福的前提，但太过天真就会伤人害己。

正因为倩倩姐的纵容,她老公才能如此嚣张,才能以爱的名义,一次次言行荒谬对家庭不负责任。

如果从一开始倩倩姐就勇敢地抗争,事情可能不会发展到现在的地步。所以,倩倩姐最大的失败就是没能坚持原则,没能有所选择地尽力而为,却一味地大包大揽。

诚然,善良是一个人的美德,但有时也会成为别人欺负的依仗。大部分的恶人,并不是一开始就坏得如此肆无忌惮。柿子总是挑软的捏,这句话对大多数人都有用。成全别人委屈自己,那不是善良,而是软弱。每个人的善良都必须有点儿锋芒,最不济,也应该有一定的界限。

如果一个人能反复伤害你,实际是你对他有意放纵,对方的羞耻心会在不断打破下限中拉低你的底线。

在有些人的潜意识里,善良就意味着软弱可欺、好说话、没脾气。其实,当我们拒绝哪怕一点点过分的要求时,他们也会心虚,本着怕被谴责的目光妥协退让。

在婚姻里,同样如此。

曾经有位朋友，第一次到男朋友家做客，没有主动洗碗，而是礼貌地把餐具收到厨房。她说，第一次不能太主动，会让未来婆婆觉得你好说话。尤其是对方主动提出让你洗碗时，更要礼貌地拒绝，让她感到你不是一个容易妥协的人，这样会避免婚后很多无理要求。

以德报怨，何以报德？那些心怀叵测的人，会在毫无原则的善举中被圈养出来。所以，对方也是在你软弱退让毫无招架的丢盔弃甲中，一次次刷新底线。

心存善意，并不意味着定能途遇天使。因此，有些善良我们不能成全，因为成全非但换不来对方的感激，还可能适得其反，更加纵容了对方肆无忌惮的张狂。过犹不及往往不如及时止损。有些错一旦发生而没有付出代价，就意味着犯错成本太低，为以后更多次的犯错埋下伏笔。

善良是一种选择，而不是义务。对于那些真正意识到自己错误并愿意改正的人，要及时回应；对那些毫无悔改之心的人，就应该当头棒喝，果断回击。因为你的忍气吞声抑制自我，很可能换来的是无休止的精神折磨和对方的变本加厉。

幸福的理由似曾相识，不幸的原因又各自不同。

如果一方的幸福完全碾压对方的需求，那么不对等的较量最终会导致天平两端猝不及防的倾倒。

你所谓的幸福，也不过是一纸空谈。

自洽的视角

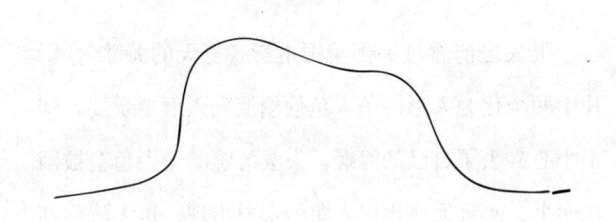

> 建立自洽视角的核心,
> 是建立属于自己的稳定的内在秩序系统。

很久之前看过一部美国电影《夏天的海滩》,影片中两个化为人形的美人鱼偷偷溜到人群中玩耍,却不小心弄丢了自己的海螺。失去海螺的美人鱼会被困在岸上,永远无法再以人鱼的形象出现,也无法回到大海。

在岸边,两条美人鱼被一个胖大婶收留。大婶家里有几个每天闹得鸡飞狗跳的孩子,还有一个又普通又懦弱还浑身是毛病的修理工老公。

生活了一段时间后，两条美人鱼逐渐发现，胖大婶对海洋生物的了解远超一般的人类，她们开始对大婶的身份产生了怀疑。后来，她们找回了海螺，就在重回大海前，其中一条小美人鱼忽然从柜子中发现了大婶曾经的海螺。

夕阳余晖下，大婶吹响了海螺，在两条小美人鱼错愕的眼神中，变回了那个容颜妩媚、藻发披肩、身穿水碧色长裙的美人鱼。

这个镜头震撼了当时还是一个孩子的我。想起修理工为了留住爱人，偷偷藏起海螺，导致大婶被十几年的光阴打磨成一个胖妇人，我对此愤愤不平。但当时更难以理解的是，胖大婶拒绝了重返大海的提议，因为，她已经被经历过的人生改造成了一个真正意义上的母亲。

多年之后，因为有了一些生活经历，或许我更能真切地理解这个母亲有多勇敢。在经历了生活的磋磨后，依然选择拥抱这样琐碎平凡的人生，是需要怎样的勇气啊。她内心当时所经历的审视和自我接纳是极为不容易的。

人生并不只有美好，也有痛苦琐碎的一面。一个人真正的成熟，是从看清了生活真相之后依然拥抱生活开始的，这意味着我们理解了生活，所以才会变得宽容；这意味着我们思想、言行达成一致，头脑中自我批判的声音消失了。有了这种自洽，与幸福也就更接近。

曾在少年时期热衷于踢足球的诺贝尔文学奖得主加缪，一直幻想着成为职业足球运动员。17岁那年，被肺病粉碎了足球梦后，他把精力投向文学赛道，最终凭借《鼠疫》拿下了诺贝尔文学奖。他说："活着，带着世界赋予我们的裂痕去生活，去用残损的手掌抚平彼此的创痕，固执地迎向幸福。因为没有一种命运是对人的惩罚，而只要竭尽全力就应该是幸福的，拥抱当下的光明，不寄希望于空渺的乌托邦，振奋昂扬，因为生存本身就是对荒诞最有力的反抗。"

世界回馈给我们什么，根本的源头仍在"自我"。在物质条件等同的前提下，我们的行为和选择决定了生活方式，以及思考问题、看待世界的角度，决定了将会度过怎样的人生。

当我们愿意换一种心态去看待期待与结果的落差时,我们就会找到内在最舒服的状态,以平和的心态不纠结地活着。

当我们愿意从正面去理解所拥有的一切时,即使从痛苦中也能汲取滋养的能量,看到人生的另一种风景。

建立自洽视角的核心,是建立属于自己的稳定的内在秩序系统。

对自我的认知,是在我们和世界的碰撞、互动里被形塑、被深化的。幸福并没有统一的标准,也无法被比较。一旦你采用了别人的标准来丈量自己的幸福,不幸福便开始了。形成属于我们自己的秩序系统,才不会将自我的认识全部托付于外界的反馈和评价;将自我的定义权放在自己手中,才不会因为外部世界的风吹草动,引发内心世界的兵荒马乱。

对世界的认识,是在我们和他人、和社会、和各种事物建立关系的过程中被修正、被完善的。每个人的起点不同,人生际遇有所差别,包容人生各种正负经历，接纳必然遭遇的挫折和痛苦，我们才能以自己所经历的一切去洞察、校准自我的感受。

自洽的终极目的，是成为自己。

在成长到某个阶段之前，我们对世界大多是仰望的。因为认知水平没有达到某个层面时，世界对我们来说未知的东西太多，我们对那些没有见过的、没有吃过的、没有用过的东西感到很陌生。因为陌生，所以仰望，这很正常。

在与世界的周旋中，做自己；在与自己的周旋中，与自己和解。看清拥有的，看懂想要的，以最适合自己的方式拥抱世界，体验人生。

向上的秘诀

身处逆境不慌张，
受人追捧不张扬。

"但行好事，莫问前程。"这句话我在很多地方听过，但是真正领悟却是在参加工作许久之后。

二十几岁时，我特别执着于结果，总以为付出了多少，就应该收获多少。每做一件事，我都要掂量一下这件事对我有什么影响，我能不能从中获利。后来渐渐发现，过程本身就是一种收获，因为在路上会见识不一样的风景，收获许多感悟。就像旅行一样，意义不在于到达终点所见风景，而在于路上向往诗意和远方的心情。

朋友W是一个喜欢分享生活和美食的乐天派，用她的话说，唯有美食和爱不可辜负。如果说我是一汪水，那她就是一团火，明媚不灼热，热情又执着。不论多大的困难，在她眼里从来都只是没有找到合适的方法，绝不会抱怨眼前的糟心事。

W毕业于名校经济系，后来进入一家大公司做销售，从普通业务员一直做到行业屈指可数的顶尖人物。2021年由于疫情原因，在所有人惶惶不可终日的时候，她却逆风而行开辟了新战场。

由于喜欢吃，她曾携闺密从"苍蝇馆子"到高档饭店，统统饕餮了一番。所以，对于美食，她有着敏锐的感官和嗅觉。居家期间，凭借做销售的职业敏感，她嗅到了商机，就地取材给家人烘焙各种美食，然后分享到朋友圈，每天都能收获一大波点赞。没过多久，一群老饕餮就养成了习惯，每天坐等美食美图发布，等待"舔屏"。后来，W水到渠成地和闺密建起了美食私房订制群，从最先的十个人好友扩充到五百人大群,仅仅用了不到两个月时间。每天络绎不绝的下单、送货,让暂时无法复工的两人居然赶了一波风潮。

无意之中抽中命运的天选。于是,W果断辞职,投资开了一家美食私家厨房。开业之前,她以为肯定能赚得盆满钵满,成为人生赢家近在咫尺。

然而,人生的际遇总是来得猝不及防。过了那个按下暂停键的时间段,W的工作室由于取材讲究、用料新鲜优质,成本一直居高不下,又加上人们可以自由出行,身临其境的堂食更能刺激食客的味蕾和心情,没过一年,工作室就倒闭了。先前赚得的利润全部投进去不说,还倒贴了一年的房租。

工作单位回不去了,创业又受挫,W只好赋闲在家。屋漏偏逢连夜雨,婆婆患上了严重的风湿,W只好全职照顾孩子和家人。闲暇之余,她开始思考接下来的人生,读书、思考、做规划、练英语口语,最终选择了直播行业。

在擅长的领域做自己擅长的事。美食可以让人分泌多巴胺,心情不好也会因为吃到好吃的而变得快乐起来，她明白自己还是愿意去做美食的引导者。于是，W开始搜罗喜欢的美食，拍视频、学剪辑，开始了直播带货。

因为用心，粉丝很快破万，许多产品上门找她做代理。由于担心选错货影响口碑，她又一次发挥了资深业务员的精神，亲自跑到厂家看产品，考察生产场地、采购基地、制作工艺及包装流程，每个细节都认真观察，然后凭借真诚和务实的作风叩开新行业的大门，如今已是坐拥千万粉丝的美食带货主播。

朋友向她取经，得知她为了剪出几分钟自己喜欢的视频，收集了上万张图片；所有图片她都亲自上阵拍摄，甚至为了一幅喜欢的风景图，亲自开车几十公里去取景。W说，她不会感觉累，因为"闲不住"，她喜欢做这些事，非常有乐趣。

其实一开始，很多人并不看好W，但是她对自己的方向非常坚定，投入满腔热情，一丝不苟扎扎实实地落实每一件事。

这世上有人贪图享乐，有人爱慕虚荣，也有人急功冒进，还有人满腹算计，但往往有这样一种人，他们可能生来平凡,但是不管身处什么环境,都能"就地取材",随时以手边能找到的物件,寻到解决问题的办法。

世界是残酷的,世界又是温柔的。常听到很多人遇到变故后,又是轻生割腕,又是跳楼溺水。其实冷静下来想想,不过是损失了一个不爱你的人,或者一个本就不属于你的物件。太阳底下,无关生死的都是小事。即使你此时深受煎熬四面楚歌,但是生命还有无限可能。人生在世,谁也不是谁的地心引力,没有背水一战,哪来的绝处逢生?!

最高级的优雅不是高冠环佩华丽雍容,而是遇事不慌不忙沉稳有度,而是悲悯又不失坚强,身处逆境不慌张,受人追捧不张扬,用纯净的心灵、智慧的双眼,问心无愧地做自己。愿我们遇事都能不紧不慢、又飒又爽地铺就自己的路,走出别人无法复制的人生。

命运来敲门

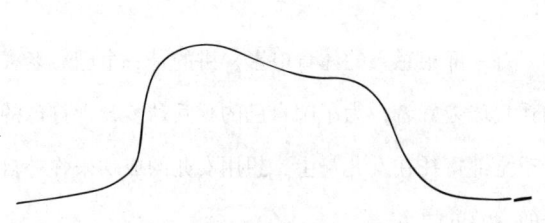

> **命运本身其实不可怕,**
> **可怕的往往是,当它来敲门时,你拒绝沟通,**
> **拒绝接受它的考验和试炼。**

有一部很感人的体育电影,讲的是一个已经老去的乒乓球爱好者,为了圆自己的乒乓球梦,把打球的希望全部寄托在女儿身上,想用女儿的成功来弥补自己的遗憾的故事。

按照一贯的"戏码",女儿当然没有乖乖接受安排。女儿一直和母亲对抗,告诉她自己并不喜欢打球,甚至把母亲想象成大魔王。母亲去世之后,女儿很快退出了乒乓球界,当了一名普通的白领。

但是,前期的训练改变了女儿的人生。现在的女儿,除了会打一点儿乒乓球外,别的方面都不在行,即便去找工作,也只能做一些低端的杂活。在经历了一系列找工作的挫折及情感上的变故后,女儿逐渐明白,原来自己所谓的不喜欢打球并非真的不喜欢,而是和很多浑浑噩噩活着的人一样,根本不知道自己到底喜欢什么。

明确了这一点后,她开始克服心理障碍,主动练球,尝试接触这件从前令自己痛苦万分的事。心态一变,人生中的很多事情豁然开朗了:曾经放弃自己的恋人开始回心转意,曾经门可罗雀的俱乐部学员日益增多。

很多人误会一件事的原因跟电影里的女主角一样,没有停下来认真思考,而是一直试图用情绪搞对抗。故事中的这个女儿,越逃避训练的痛苦,打球的梦魇就越在她的生活中如影随形。她曾用蛮力与被乒乓球捆绑的命运抗争,看似赢了,结果却事与愿违。这其实是对学习成长的隐喻,在认知的提升中,只有迈过那道阻拦你、伤害你、让你畏惧的门槛，才能客观地看待事物，做出正确的决定。

没有迈过那道坎，即使更换赛道，迟早有一天还是会遇到同样的情形，因为每个领域都有无形的门槛。

我们在学生时代偏科，常用"不感兴趣""太难"来形容学不好的那门课，但很少真正深入思考过：自己到底是因为太难学不好而没有兴趣，还是因为尝试过后，自己是真的不感兴趣才不愿意学呢？

很多人年轻时都没能意识到这点：一个人必须承担的命运是无法逃避的，痛苦从来不会因为怯懦而放过我们。我们可以选择躺平，但是不能逃避面对成长。任何时候，想要过得更从容，都不能放弃那条难走的、向上的道路。一旦我们习惯对软弱的自己不断妥协，就真的有可能碌碌无为地度过这一生。

心理学认为，一个人的发展会受到三个方面的影响：一是基因所决定的个体特性（比如先天的智力、气质人格等）；二是家庭教养、童年经历；三是过去积累的经验。命运可能就是这个过程中的随机因素。所以，命运本身其实不可怕，可怕的往往是，当它来敲门时，你拒绝沟通，拒绝接受它的考验和试炼。

我一直觉得，命运就是个欺软怕硬的设定，只要我们主动一点儿，就能把它"踩"在脚下。

和电影里的女主角一样，那些看起来越难的，就越是需要我们去超越的。如果没有行动的决心，即使在脑海深处上演再多感动自己的内心戏，也无法撼动平庸的根基。

很多超越了命运设定的人，都显得挺傻、挺一根筋的，但他们都选择了庸人眼中看起来不可能的挑战。因为主动把命运踩在脚下的前提，需要的正是这种无所畏惧、坚定不移的傻气。

真正追随梦想的声音，不容置疑。

真正的励志就是努力和拼搏，就是反舒适，就是为了活得有尊严而付出努力与汗水。只有越过那些打不倒我们的痛苦，我们才能守住那种令自己内心踏实的坚实阵地。

能主动战胜惰性、恐惧、畏难情绪,甚至超越困境的人,才有资格过上更好的生活。

史铁生在《我与地坛》中曾经这样写道:"命定的局限尽可永在,不屈的挑战却不可须臾或缺。"包括我自己在内的很多人,在学生时代是借助外力的约束努力学习,一旦到了可以放松的环境中,就容易迷失自我,为不自律找借口。没考上好大学,怪自己不是北京人;没有找到好工作,怨自己没有可以安排工作的家庭背景;面临需要走上坡路的困境,思维中的第一反应是命中注定论,似乎现有的一切困境皆由命运造成。

只有我们真正想去超越自己预设的"不可能"时,才会知道,即使改变不了某些注定的现实,但我们为了战胜困难付出的努力不会白费,它会融入我们的气质。即使我们超越不了阶层,但是把自己经营成不靠外力辅助的发光体,至少可以让我们活得更有品质。

努力过的人生才有厚重感。美好、强大、宁静、仁慈这些词语的深处，暗藏着战胜残酷后的沉淀。

一个能融入这些词语的人，即使在寻梦的过程中偶尔触礁，也不会被一时的挫折打垮，而是积极地寻求出路。因为他们相信，只有向上的路才会走得艰难，在这条路上不会有太多同行者，只有极少数人能在上坡路上逆风而行，加速奋斗，坚持丰富和完善着自己的内核。

有个厉害的好莱坞编剧曾说，所谓的反派，其实就是那些不能改变自己、拒绝向上走的人。他们拥有固化的思维模式，在命运为难自己的时候，只能把痛苦转嫁给比自己更弱小的人，缺乏主角那种能爬起来跨过困难和改变自我的勇气。

学会正确思考人生，关注自己的生活，掌握当下的命运，就等同于掌握了未来的全部人生。只有积极应对，才能够提高思维变通能力，跳出命运设下的陷阱，奔向更美好的未来。

努力向上，是无数故事的发端，也是我们爱过、活过、战斗过的证明。

朴素的力量

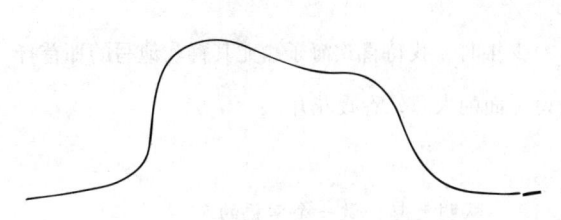

**既能安贫若素淡然处之,
也能心之所向素履以往。**

少年时,我特喜欢海子,尤其喜欢他写的那首抒情诗《面朝大海,春暖花开》:

> 从明天起,做一个幸福的人
> 喂马,劈柴,周游世界
> 从明天起,关心粮食和蔬菜
> 我有一所房子,面朝大海,春暖花开

曾经有一段时间，我非常向往能有一所海边的房子，不必像海子的诗里那么美好，但可以让我每天清晨推开房门，迎着清新的海风慢慢走向沙滩，张开双臂，去拥抱每一次绚烂的日出。每当夜晚降临，拖着疲惫不堪的身体吃饭、读书、写作，累了就枕着细碎的波涛入睡。那种理想主义和现实生活极致融合的浪漫，是我最迫切的梦想。

许多年后，我还是没能过上这样的生活。琐碎的日子占据了生活的全部，早起、做饭、送孩子上学，然后去上班。每天以平淡的方式穿梭于人间烟火中，但依然不妨碍我内心那份渴望的存在。读书，是我最接近梦想的选择；写字，是我以梦为马，以笔走天涯，丈量诗意和远方的小世界。

"世界那么大，我想去看看。"生活的日常，甜蜜的负累暂时羁绊了我们梦想的脚步，但关注粮食和蔬菜，也是烟火人间里最浪漫的事。远方的梦想是一种浪漫，烟火下的温馨也是一种享受。最朴素的生活与最遥远的梦想，这是理想主义和现实主义的悲歌，这种情感和懂得是人生在世最高级的奖赏，也是最高层次的陪伴和知音。

大多数时候,志向高远之士常自处、自知、自明,沉浸在自己的精神世界中,与先贤先哲借由书籍交流、神往,希望找到一种穿越时空的性灵知音,而在现实中却依旧曲高和寡。

很多时候,我们所痛苦、纠结的不是没有梦想,而是没有找到梦想和现实共融的奇点①。当你找到的时候,灵魂将彻底得到升华,忘却生活带给身体的苦痛,精神得到共鸣,到达天人合一的无妄境界。

朋友 C 先生就获得了这份幸运。曾经在最爱做梦的年纪,遇上了同样爱做梦的女孩。他们有说不完的话,数不完的梦想,渴望在有生之年走遍世界,用手和脚去触摸地球的脉动。然而,在他 18 岁那年,所有的梦想都成了泡影,等待的是残缺不全的身体,还有一颗死气沉沉绝望的心。

那年他参加高考,心情极好地踩着单车去考场。和所有意气风发的天之骄子一样,他品学兼优,只待

---

① 奇点本是天体物理学术语,在美国未来学者雷·库兹韦尔的理论中,被赋予"人类与其他物种(物体)相互融合"的含义。

一跃龙门，就能去实现未来的梦想。可在快要到达考场的前一个路口，一个两岁的小女孩忽然挣脱奶奶的手，跑到马路中间捡球。这时一辆轿车驶来，危急时刻，所有人都吓傻了，离得最近的 C 先生扔下单车，拼命将小女孩推开。

所幸汽车速度不快，单车被卷入车轮底下，C 先生的一条腿保不住了。意外就这样猝不及防，曾经他离梦想那么近，现在却被隔得那么远。那段时间，他颓废过、绝望过，有时候会盯着一面白墙出神半天，有时候看着楼道的栏杆想一跃而下。他常常会问自己以后还能干什么。只有一条腿，大学无望了，工作更不可能，结婚生子是想都不敢想的奢望。于是，他狠心提出分手，把自己关在屋子里颓废了整整半年。

最无助苦闷的时候，陪伴他的是一摞摞书。史铁生、张海迪等鲜活的人物好似在耳边谆谆鼓励着他，他的内心有了一丝松动，终于有光可以照进来了。是的，他的人生才刚刚开始，还有无数种可能。

他开始重新拿起课本，学习、做题，日复一日地重写自己的梦想。终于又是一年春好处，他以优异的成绩拿到了高等学府的入场券。曾经那个颓废绝望的自己被踩在了脚下,他终于接受现实的安排,把现实的不幸和理想的殿堂嫁接,搭建了一座通往梦想的桥梁,走向了平凡而又充满无限可能的未来。

心中有梦,未来才会可期。人只要不失去希望,还拥有不可磨灭的勇气和千锤百炼依然坚韧的心,便没有什么是不可战胜的。这是朴素的道理,也是朴素的力量。踮起脚靠近太阳时,全世界都挡不住你的万丈光芒。

歌德在《少年维特之烦恼》中说,人要是不那么死心眼,不那么执着地去追忆往昔的不幸,会更多地考虑如何对现时处境泰然处之,那么苦楚就会小得多。

烦琐与浪漫、平凡与期许,或许就是生活的真谛。正如海子在《以梦为马》里写道:"我要做远方的忠诚的儿子,和物质的短暂情人。和所有以梦为马的诗人一样,我不得不和烈士和小丑走在同一道路上。"

人生处处有意外,我们不能保证下一秒会遇见什么。即便是正遭受不幸,即便依然普通,但要保持一颗平静从容的心,心存美好,向阳而生。波澜壮阔的日子固然精彩,平淡安稳的生活未尝不是幸福。人生在世,所求不多,无一不是平安喜乐、幸福一生,愿你既能安贫若素淡然处之,也能心之所向素履以往。

心当自明,又何须神佛。

弱者的枷锁

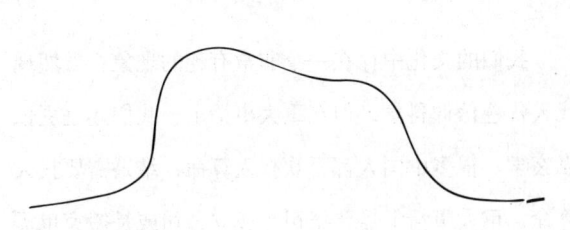

**强者活在事情里,
弱者活在情绪里。**

我们的文化中存在一个非常有趣的现象:虽然现代人普遍信仰科学,但在重大事情上,我们还是更依靠玄学。很多中国人都喜欢找人算命,结婚需要找人算命,重大事情上需要祭祖,成立公司或是搬家也需要找人看风水、测运气。

围绕所信仰的玄学,产生了很多箴言警句,如"命运上天安排,各人修各福""人有冲天之志,非运不能自通"等，意思是说，人的出身和生活际遇不可改变，但是每个人的福气和运气，是可以依靠自己去争取的。

古语中蕴藏着对人生奋斗与机遇的深刻理解。其实，极端的人生并不多见，普通人支撑着社会的发展，在这个世界上占据着大多数。且不管"宿命论"影响了多少人，从生活角度出发，每一个人的处境，都是由外在环境和个人的内心与行为方式决定的。

前不久有位同学打电话给我，很着急地说："领导结婚邀请了我，我该怎么办啊？他身边都是有钱人，我应该包个多大的红包合适？买什么贵重的礼物才不失礼？我必须得处理体面才行，否则以后就没好命混这个圈子了。"

她因为这件事有些焦虑，希望得到有效建议。我啼笑皆非，同学在一家世界500强企业工作，每个月到手的薪酬数目可观，但她还是像以前一样，有着极严重的自我否定心理。面对那些优秀的"强者"时，她似乎并不清楚自己的优势，也不了解自己的需求，总是战战兢兢，觉得自己能拥有现在的工作、职位全凭运气。她认为,在"强者"面前,至少要让自己看起来与之匹配,哪怕再没有底气,也要"包装"得像样,才不会被别人嘲笑,才能地位稳固。

其实在我看来,同学的为人处世和工作能力与职位很匹配。然而,外界的评价却如同枷锁一般,牢牢地套在她的身上,丝毫风吹草动,都会拨弄到她那敏感的神经。可事实是,每个人的生活都很忙碌,谁也没有太多的精力去评价别人,要求别人满足自己的喜好。

"都是命。"这句话时常出现在一些人嘴里。一旦生活有些许不顺,就会贸然提起,摇头叹息,感慨万分。其实每个人都必须独自面对生活,独自解决内心的烦恼,做好力所能及的事情。

在某种意义上,"弱者"是相较"强者"而言的,是生活中不懂得反思、甘当受害者的人。那么,强者为何能够成为强者?是因为他们跳出了当下,积极采取行动,从更高维度审视自己。高维思考力很大程度上能够改变一个人的命运。

现实生活里的强者,无一例外有个共同特点,就是能够直面问题，不会以回避问题代替解决问题。强者活在事情里，弱者活在情绪里。我曾经有一位领导身价过亿，他不管在工作还是生活中，对于一些犯错的同事，总能够给出一针见血的指导意见，但却是以非常温和的语气道出并不忘加以鼓励。他绝不会像某些中层小主管一样暴跳如雷，而对于成功之道，他一般是云淡风轻地一语带过："哎，都是我运气好，赶上了最好的时代！"

我们要学会在一年四季里，在无常的人生岁月里，接受风雨洗礼，看淡世事无常，学会向比我们优秀的人学习，关注他们解决问题的方法。在向"强者"们看齐的道路上，除了培养面对现实的勇气和解决问题的能力，也不要妄自菲薄，不要过度在意别人、奢求别人，要自力更生，懂得为自己打气，勇敢闯荡每一道人生关口。

强者之所以强，并非天赋异禀，他们也是在做中学，勇敢挑战那些令自己发怵不敢面对的事。在遇到困难遭受批评时，他们会立即调整思维、态度，总结自己的问题，学习别人的长处和经验，绝不是第一时间找借口或者回避退缩。

"书山有路勤为径,学海无涯苦作舟。"韩愈写下这样的诗句,用意是鼓励后人勤奋学习,不惧艰苦,只要敢于尝试,懂得努力,人生就不会没有出口。这是每个强者脱颖而出的"武功秘籍",而患得患失、自我怀疑、命运借口则是前进道路上的劲敌,一个个地打败它们,就是在打破弱者的枷锁。

苦不言,痛不语。默默努力,静待花开,悄悄绽放,然后惊艳所有人。

量变到质变

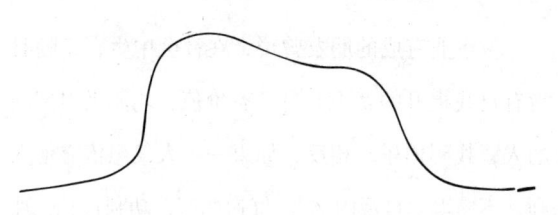

**厚积薄发，开挂的人生，
必须经过时间的沉淀与岁月的历练，
一点一滴地凝聚实力。**

一位事业有成的朋友曾说，在社会中生存，随时都得有自我提升的意识。自己有价值，才能吸引到同频的人，找到伯乐。相反，如果一个人仅想依靠他人获利，不懂得"自观内求"，好逸恶劳，功利自私，那么吸引来的是同样不学无术之人；厚道能干的人即使偶然来到身边，也无法长久相处，即使侥幸合作一两次把事情做成，成果迟早也要被"收割"回去。

老同学曾给我讲过一个案例，他的高中同学闹过自杀，好不容易劝了过来，最后老老实实地上班去了。闹自杀的同学是个"富二代"，高中毕业之后既不上学也不工作，整天呼朋唤友"谈生意"，享受被前呼后拥的感觉。

一次，这个"富二代"听所谓的朋友的介绍，说投资几千块钱，几天就可能获得一万块的回报。他抱着试一试的想法，果然三天后赚到了一万块钱，一时间被众人奉为"商业奇才"。

事后，这个所谓的朋友劝他加大投注。"富二代"尝到过甜头，觉得自己的"商业嗅觉""果敢能力"都超乎想象，于是成功心切，便忽悠妈妈拿了170万块钱，一次性全投了进去。

然而没过几天，微信上的被投资人就消失了，介绍这项目的"朋友"跟着也消失了。他这才意识到上当了，赶紧去报警，警方在查证后说这是国外团伙作案，一时间难以追查到骗子的真实地址，自然钱财短期内也要不回来了。这个"富二代"悔不当初，当晚气得闹割脉自杀。

这个世界从没有不劳而获的事情，很多人却总梦想着一步登天。当身边围绕各种巴结取悦之人，在一阵阵赞美声中，人往往容易迷失自我，误判自己的实力。实际上，当面对赞美的时候，往往是最需要提高警惕的时候，虚幻的赞美声最容易让人沉沦，从而失去基本的判断能力。其实，自己有没有这份能力，有多少相关经验，一次成功之后再次成功的概率是多大，原本并不十分难回答。

我的另一个高中同学老李，读书时性格憨厚，人也很内向，不善言辞，学习成绩时常处于倒数位置，但他从来不气馁，也没有和其他人做比较，而是默默追赶。当别人在为爱情欢笑落泪，为一份薪酬一般的工作到处请客送礼的时候，只有他每天吃着馒头、喝着白开水，泡在图书馆里，与各种专业技能"较劲儿"。

毕业后，老李先是在一家单位兢兢业业地打工，掌握一定的核心技能和资源后，便辞职开了一家属于自己的律所，从最小的案子接起，逐渐成长为业内有名的专家。

当一个人破茧成蝶时，人们往往只看到他光彩的一面，而不去深究背后的成因。

老李是个典型的例子，在默默无闻长达十多年的日子里，大家原以为他和大多数普通上班族无异，为一份朝九晚五的工作奔忙，却没有看到他在每个深夜钻研技术，没看到他开辟前路的那股冲劲儿。

有的人虽然起点比较低，运气也不比其他人好，但却能凭借惊人的毅力把事做成。正所谓厚积薄发，开挂的人生，必须经过时间的沉淀与岁月的历练，一点一滴地凝聚实力，才能实现从量变到质变的跨越。

人与人之间的差距，拼的不是家产财富，也不是运气和外表，而是思维、阅历、意志、经验。即便万贯家财，如果不懂得珍惜，总一天也会被败光；即便天生"万人迷"，受无数贵人提携，如果自己不争气不努力，也不可能在事业上取得成绩。

时间花在哪里，结果就在哪里。

一位作家朋友以前有段时间总是找我诉苦，他说创作陷入了瓶颈。原来，自一本书卖火之后，身边的朋友无一例外地吹捧他，再没有人直接给他提意见、指出故事和语句的问题了,这让他失去了创作的热情。不进则退,他内心非常焦虑苦闷。

抛去心理素质不谈,与很多人不同的是,我这位朋友至少是个聪明人,他明白一时的成绩算不得什么。他清楚地知道,这一路走来多不容易,依靠的不仅是自己的努力,更因为有识之士的看重,以及朋友的鼓励,自己才能有所突破。但要保持水准,争取到稳固的一席之地,路还很长。

做,才可能改变;持续去做,量变才可能转为质变。大道至简,很多人却终其一生,只停留在抱怨条件不够充分、外界支持不够多的层面上;又或者,维持低水平的勤奋,停留在"无效"的量变上。

雄鹰之所以能够高飞,靠的是成长中一次又一次的练习。读过的书、走过的路、看过的世界,都不会辜负我们,都会刻进我们的骨子里,决定我们未来的生活。

感情舒适度

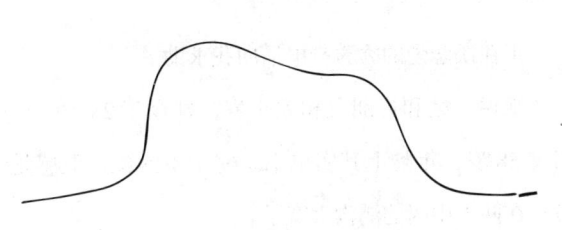

**你得把握自己的成长节奏,
而不是按对方的要求改造,
做一个对方理想中的提线木偶。**

正在谈恋爱的秀秀打电话向我求助。

她说,她和男朋友相差十岁,她今年28岁,男朋友38岁,年龄上其实也不是完全不匹配,但感觉横亘在两人中间的鸿沟太宽了。

男朋友在一家大公司做营销经理,业务能力很强,秀秀暂时没有找工作,在家料理家务,于是男朋友就把自己的父母接来了,几个人挤在出租房里,提前进入了婚姻生活。

在老人到来之前,男朋友就一直觉得秀秀高攀了他,对秀秀各方面的表现都不太满意。然而当秀秀也提出一些不满时,男朋友却说:"如果你真的懂我,就应该知道如何用魅力改变我。"

这似乎是一句无懈可击的话。

秀秀说,每次听到他这么说都很想反驳,但只要稍微流露一点儿类似情绪,男朋友就说她太强势,要分手。秀秀说除此之外,男朋友对自己还是不错的,所以秀秀常常自我怀疑,有时候都没有自我了。

当秀秀情绪低落时,她男朋友又会说:"你要自信点儿,自己主宰自己的人生。你还这么年轻,要学会向上奋斗。"

秀秀倾诉完,忍不住问我:"我该怎么主宰,又怎么奋斗呢?他劝我不要出去找工作,在家把他父母照顾好。我没有收入,老人生活又很节俭,每个月他给的生活费只够三个人的基本花销。我一有出去找工作的想法,他就劝我要做大气的女人。但我想不通,在这样的情况下,我该如何大气?他带我去KTV、酒吧,我说不喜欢,他劝我要学会适应;但是我一出门见朋友,他又各种猜忌,怀疑我是不是要背叛他了。"

秀秀的故事讲完后,留下了沉思的我。

这个男人的想法和做法,很具备典型性。他要的并不是一个可以和自己共担风雨的女朋友,而是一个听话的机器人或下属,不能有自己的思想和意愿。这种人的内心往往藏着深深的恐惧,因此与这样的人谈恋爱很煎熬,身心俱疲。

这样的爱始终浮在云端,从来都没有深入到真正的柴米油盐中。

当一个人向你极力推销自己所谓的价值观时,他不是真的想要爱情。这些要求,都是打着提点的名义,因为他天然就认为自己比你高明,你不过是他心血来潮时呼应他需求的宠物。他根本不在意你真正的想法、需求,更谈不上尊重。

爱情,可能会有很多表现形式,但是双方投入爱情的最低要求,则是喜欢和赏识。一个总是贬低你、希望你改变的人,不是不够爱你,就是不懂如何爱你。

很多人在刚开始的时候，对待爱情特别糊涂，不知道到底什么才算爱。女孩子常常会被男人的小恩小惠蒙蔽，却对男人的控制欲视而不见，他们常常打着爱的旗号，行控制之实，还美其名曰"为你好"。

当然，这么做的不仅是男人，也有女人。也有女人对男人提各种各样无理的要求——"你怎么总是这么不上进""你干什么都干不好""你看那个谁，你为什么比不上人家"云云，在这样的交往里，没有鼓励、没有包容，只剩下不满和抱怨。她们从来都没有真正深入实地，她们喜欢的是想象中的那个完美形象，而不是生活中的伴侣。

与控制欲、改造欲过强的人在一起，最大的危险就是，你可能会获得暂时的甜头，比如只要听话，对方就会给你一点儿甜头，但长此以往，那些得不到鼓励和支持的人，就会逐渐感到不适甚至压抑，企图逃离。

他们之间没有爱吗？大约也是有的，大约也是期待的。只不过，这种爱，败给了日复一日的消磨。

在你本应该发现自我、自由成长的时候，却遇到一个强势的伴侣，他想要控制和改造你的人生，你的个性一定会遭到压制和折损。

甚至很有可能,在按照对方的所谓替你着想的标准行事时,你慢慢地变得更加无所适从,更不知道该怎么办,而且很可能会失掉最初的活力和对世界的好奇心。

你要相信,一个不能让你觉得自己可以变得更好的人,不值得投入心力去爱。

好的感情,是有舒适度的。

谁都不愿意身边站着一个不停抱怨自己、觉得自己永远也无法达到对方要求的人。人生本就艰辛,爱情应该给予我们些许温暖,而不是风刀霜剑的压力。

如果你不幸遇到了一个这样的人,那就告诉他,要喜欢就喜欢你本来的样子,你已经足够好了。

如果你真的决定要改变,也要建立在双方对等、彼此共同成长的基础上,你得把握自己的成长节奏,而不是按对方的要求改造,做一个对方理想中的提线木偶。

小马过河

有 态 度 的 阅 读

微 博 小马BOOK	抖音 小马文化	拼多多 小马过河图书
公众号 小马文艺	淘宝 小马过河图书自营店	全案营销 小马青橙工作室
小红书 小马Book	微店 小马过河图书自营店	投稿邮箱 xiaomatougao@163.com

图书在版编目（CIP）数据

我们对生活的态度 / 采薇著. -- 北京 : 北京联合出版公司, 2025. 6. -- ISBN 978-7-5596-8425-7

Ⅰ. B821-49

中国国家版本馆 CIP 数据核字第 2025Z1W905 号

我们对生活的态度

作　　者：采　薇
出　品　人：赵红仕
责任编辑：孙志文
策划监制：小马 BOOK
产品经理：小　北
策划编辑：希　贤
内文制作：刘龄蔓

北京联合出版公司出版
（北京市西城区德外大街 83 号楼 9 层　100088）
北京联合天畅文化传播公司发行
定州启航印刷有限公司印刷　新华书店经销
字数 160 千字　710 毫米 ×1000 毫米　1/32　印张 11.25
2025 年 6 月第 1 版　2025 年 6 月第 1 次印刷
ISBN 978-7-5596-8425-7
定价：58.00 元

版权所有，侵权必究
未经书面许可，不得以任何方式转载、复制、翻印本书部分或全部内容。
本书若有质量问题，请与本公司图书销售中心联系调换。
电话：(010) 64258472-800